建筑结构设计与项目管理

刘正涛　彭　强　宫金鑫　著

图书在版编目（CIP）数据

建筑结构设计与项目管理 / 刘正涛, 彭强, 宫金鑫著. -- 哈尔滨 : 哈尔滨出版社, 2024.4
ISBN 978-7-5484-7896-6

Ⅰ. ①建… Ⅱ. ①刘… ②彭… ③宫… Ⅲ. ①建筑结构—结构设计 Ⅳ. ①TU318

中国国家版本馆CIP数据核字(2024)第091686号

书　　名：建筑结构设计与项目管理
JIANZHU JIEGOU SHEJI YU XIANGMU GUANLI

作　　者：刘正涛　彭　强　宫金鑫　著
责任编辑：杨浥新
封面设计：刘梦杳

出版发行：哈尔滨出版社（Harbin Publishing House）
社　　址：哈尔滨市香坊区泰山路82-9 号　　邮编：150090
经　　销：全国新华书店
印　　刷：廊坊市海涛印刷有限公司
网　　址：www.hrbcbs.com
E-mail：hrbcbs@yeah.net
编辑版权热线：（0451）87900271　87900272

开　　本：787mm × 1092mm　1/16　印张：11.25　字数：195千字
版　　次：2024 年 4 月第 1 版
印　　次：2024 年 4 月第 1 次印刷
书　　号：ISBN 978-7-5484-7896-6
定　　价：78.00 元

凡购本社图书发现印装错误，请与本社印制部联系调换。
服务热线：（0451）87900279

前　言

建筑结构设计是根据建筑、给排水、电气和采暖通风的要求，合理地选择建筑物的结构类型和结构构件，采用合理的简化力学模型进行结构计算，依据计算结果和国家现行结构设计规范完成结构构件的计算，并依据计算结果绘制施工图的过程。建设结构设计可以分为确定结构方案、结构计算与施工图设计三个阶段。因此，建筑结构设计是一项非常系统的工作，需要我们掌握扎实的基础理论知识，并具备严肃、认真和负责的工作态度。

建筑工程项目管理是建筑工程项目建设施工质量、施工安全以及施工进度控制的主要措施，是建筑施工企业与建设单位能够获得良好经济效益和社会名誉的基础和关键所在。随着建筑行业的不断发展，我国建筑工程项目管理水平得到了较大程度的提升，但仍然存在许多问题，这些问题降低了建筑工程项目建设施工质量控制标准，甚至还致使建筑工程项目建设施工阶段出现了严重的安全事故。针对这些问题，我们需要积极找寻有效措施进行改善，不断提升我国建筑工程项目建设管理水平，促进我国建筑工程项目建设领域的进一步发展。

建筑工程项目管理是以具体的建设项目或施工项目为对象、目标、内容，不断优化目标全过程的一次性综合管理与控制过程。鉴于建设项目的一次性，为了节约投资、节能减排和实现建设预期目标，建造符合需求的建筑产品，作为工程建设管理人员，必须清醒地认识到建筑工程项目管理在工程建设过程中的重要性。

本书围绕“建筑结构设计与项目管理”这一主题，以建筑结构设计为切入点，由浅入深地阐述基本建设程序、结构概念设计、概率极限状态设计方法、建筑结构的作用，并系统地分析了多层与高层建筑结构、建设工程项目管理组织、建筑工程项目质量管理等内容，以期为读者理解与践行建筑结构设计与项目管理提供有价值的参考和借鉴。本书内容翔实、条理清晰、逻辑合理，兼具理论性与实践性，适用于从事相关工作与研究的专业人员。

由于作者时间和精力有限，书中难免存在不妥之处，敬请广大读者和同行予以批评指正。

目　录

第一章　建筑结构设计概论

第一节　基本建设程序

一、基本建设程序的概念

基本建设程序是指建设项目从酝酿、提出、决策、设计、施工到竣工验收及投入生产的整个过程中各环节和各项主要工作内容必须遵循的先后顺序。这个顺序是由基本建设进程决定的，它反映了建设工作客观存在的经济规律及自身的内在联系特点。基本建设过程中所涉及的社会层面和管理部门广泛，协调合作环节多，因此，必须按照建设项目的客观规律进行工程建设。

二、基本建设程序

基本建设的建设程序依次划分为4个建设阶段和9个建设环节。

建设前期阶段：提出项目建议书；进行可行性研究。

建设准备阶段：编制设计文件；工程招投标、签订施工合同；进行施工准备。

建设施工阶段：全面施工；生产准备。

竣工验收阶段：竣工验收、交付使用；建设项目后评价。

（一）提出项目建议书

项目建议书是建设单位向国家和省（自治区、直辖市）、市、地区主管部门提出的要求建设某一具体项目的建议文件，即对拟建项目的必要性、可行性以及建设的目的、计划等进行论证并写成报告的形式。项目建议书一经批准后即为立项，立项后即可进行可行性研究。

（二）进行可行性研究

可行性研究是对该建设项目技术上是否可行和经济上是否合理进行的科学分析和论证。它通过市场研究、技术研究、经济研究进行多方案比较，提出最佳方案。

可行性研究通过评审后，就可着手编写可行性研究报告。可行性研究报告是确定建设项目、编制设计文件的主要依据，在基本建设程序中占主导地位。

（三）编制设计文件

可行性研究报告经批准后，建设单位或其主管部门可以委托或通过设计招投标方式选择设计单位，按可行性研究报告中的有关要求，编制设计文件。一般进行两个阶段设计，即初步设计和施工图设计。技术上比较复杂又缺乏设计经验的项目，可进行三个阶段设计，即初步设计、技术设计和施工图设计。设计文件是组织工程施工的主要依据。

初步设计是为了阐明在指定地点、时间和投资限额内，拟建项目在技术上的可行性及经济上的合理性，并对建设项目做出基本技术经济规定，同时编制建设项目总概算。经批准的可行性研究报告是初步设计的依据，不得随意修改或变更。

技术设计是进一步解决初步设计的重大技术问题，如工艺流程、建筑结构、设备选型及数量确定等，同时对初步设计进行补充和修正，编制修正总概算。

施工图设计是在初步设计的基础上进行的，需完整地表现建筑物外形、内部空间尺寸、结构体系、构造以及与周围环境的配合关系，同时还包括各种运输、通信、管道系统、建筑设备的设计。施工图设计完成后应编制施工图预算。

（四）工程招投标、签订施工合同

建设单位根据已批准的设计文件和概预算书，对拟建项目实行公开招标或邀请招标，选定具有一定技术、经济实力和管理经验，能胜任承包任务，效率高、价格合理而且信誉好的施工单位承揽工程任务。施工单位中标后，与建设单位签订施工合同，确定承发包关系。

（五）进行施工准备

开工前，应做好施工前的各项准备工作。其主要内容是：征地拆迁、技术准备、搞好“三通一平”；修建临时生产和生活设施；协调图纸和技术资料的供应；落实建筑材料、设备和施工机械；组织施工力量按时进场。

（六）全面施工

施工准备就绪，必须办理开工手续，并取得当地建设主管部门颁发的开工许可证后即可正式施工。施工前，施工单位要编制施工预算。为确保工程质量，必须严格按施工图纸、施工验收规范等要求进行施工，按照合理的施工顺序组织施工，加强经济核算。

（七）生产准备

项目投产前要进行必要的生产准备，包括建立与生产经营相关的管理机构，培训生产人员，组织生产人员参加设备的安装、调试，订购生产所需要的原材料、燃料及工器具、备件等。

（八）竣工验收、交付使用

建设项目按批准的设计文件所规定的内容建设完成后，即可以组织竣工验收，这是对建设项目的全面性考核。验收合格后，施工单位应向建设单位办理竣工移交和竣工结算手续，交付建设单位使用。

（九）建设项目后评价

建设项目后评价是工程项目竣工投产并生产经营一段时间后，对项目的决策、设计、施工、投产及生产运营等全过程进行系统评价的一种技术经济活动。通过建设项目后评价，达到总结经验、研究问题、吸取教训并提出建议，不断提高项目决策水平和改善投资效果的目的。

第二节　结构设计的程序

结构设计是建筑物设计的重要组成部分，是建筑物发挥使用功能的基础。结构设计的主要任务就是根据建筑、给排水、电气和采暖通风的要求，主要是建筑要求，合理地选择建筑物的结构类型和结构构件，采用合理的简化力学模型进行结构计算，依据计算结果和国家现行结构设计规范完成结构构件的设计计算，设计者应对计算结果做出正确的判断和评估，并依据计算结果绘制结构施工图。结构设计施工图是结构设计的主要成果表现。因此，结构设计可以分为方案设计、结构分析、构件设计和施工图绘制四个步骤。

一、方案设计

方案设计又叫初步设计。结构方案设计主要是指结构选型、结构布置和主要构件的截面尺寸估算以及结构的初步分析等内容。

（一）结构类型的选择

结构选型包括上部结构的选型和基础结构的选型，主要依据建筑物的功能要求、现行结构设计规范的有关要求、场地土的工程地质条件、施工技术、建设工期和环境要求，经过方案比较、技术经济分析，加以确定。其方案的选择应当体现科学性、先进性、经济性和可实施性。科学性就是要求结构传力途径明确、受力合理；先进性就是尽量要采用新技术、新材料、新结构和新工艺；经济性就是要降低材料的消耗、减少劳动力的使用量和建筑物的维护费用等；可实施性就是施工方便，按照现有的施工技术可以建造。

结构类型的选择，应经过方案比较后综合确定，主要取决于拟建建筑物的高度、用途、施工条件和经济指标等。一般是遵循砌体结构、框架结构、框架—剪力墙结构、剪力墙结构和筒体结构的顺序来选择，如果序列靠前的结构类型，不能满足建筑功能、结构承载力及变形能力的要求，才可以采用后面的结构类型。

比如，对于多层住宅结构，一般情况下，砌体结构就可以满足要求，尽量不采用框架结构或其他的结构形式。当然，从保护土地资源的角度出发，还要尽可能不要用黏土砖砌体。

（二）结构布置

结构布置包括定位轴线的标定、构件的布置以及变形缝的设置。

定位轴线用来确定所有结构构件的水平位置，一般只设横向定位轴线和纵向定位轴线，当建筑平面形状复杂时，还要设斜向定位轴线。横向定位轴线习惯上从左到右用①，②，③，……表示；纵向定位轴线从下至上用Ⓐ，Ⓑ，Ⓒ，……表示。定位轴线与竖向承重构件的关系一般有三种：砌体结构定位轴线与承重墙体的距离是半砖或半砖的倍数；单层工业厂房排架结构纵向定位轴线与边柱重合或之间加一个连系尺寸；其余结构的定位与竖向构件在高度方向较小截面尺寸的截面形心重合。

构件的布置就是确定构件的平面位置和竖向位置，平面位置通过与定位轴线的关系来确定，竖向位置通过标高确定。一般在建筑物的底层地面、各层楼面、屋面以及基础底面等位置都应给出标高值，标高值的单位采用m（注：结构施工图中，除标高外其余尺寸的单位采用mm）。建筑物的标高分为建筑标高和结构标高两种。所谓建筑标高就是建筑物建造完成后的标高，是结构标高加上建筑层（如找平层、装饰层等）厚度的标高。结构标高是结构构件顶面的标高，是建筑标高扣除建筑层厚度的标高。一般情况下，建筑施工图中的标高是建筑标高，而结构施工图中的标高是结构标高。当然，结构施工图中也可以采用建筑标高，但应特别说明，施工时由施工单位自行换算为结构标高。建筑标高以底层地面为±0.000，往上用正值表示，往下用负值表示。

结构中变形缝包括伸缩缝、沉降缝和防震缝三种。设置伸缩缝的目的是减小房屋因过长或过宽而在结构中产生温度应力，避免引起结构构件和非结构构件的损坏。设置沉降缝是为了避免因建筑物不同部位的结构类型、层数、荷载或地质情况的不同导致结构或非结构构件的损坏。设置防震缝是为了避免建筑物不同部位因质量或刚度的不同，在地震发生时具有不同的振动频率而相互碰撞导致损坏。伸缩缝、沉降缝和防震缝的设置原则和要求详见下一节。

沉降缝必须从基础分开，而伸缩缝和防震缝的基础可以连在一起。在抗震设防区，伸缩缝和沉降缝的宽度均应满足防震缝的宽度要求。由于变形缝的设置会给使用和建筑平、立面处理带来一定的麻烦，所以应尽量通过平面布置、结构构造和施工措施（如采用后浇带等）不设缝或少设缝。

（三）截面尺寸估算

结构分析计算要用到构件的几何尺寸，结构布置完成后需要估算构件的截面尺寸。构件截面尺寸一般先根据变形条件和稳定条件，由经验公式确定，截面设计发现不满足要求时再进行调整。水平构件根据挠度的限值和整体稳定条件可以得到截面高度与跨度的近似关系。竖向构件的截面尺寸根据结构的水平侧移限制条件估算，抗震设防区的混凝土构件还应满足轴压比限值的要求。

（四）结构的初步分析

建筑物的方案设计是建筑、结构、水、电、暖各专业设计互动的过程，各专业之间相互合作、相互影响，直至达成一致并形成初步设计文件，才能进入施工图设计阶段。在方案设计阶段，建筑师往往需要结构师预估楼板的厚度、梁柱的截面尺寸，以便确定层高、门窗洞口的尺寸等。同时，结构工程师也需要初步评估所选择的结构体系在预期的各种作用下的响应，以评价所选择的结构体系是否合理。这都要求对结构进行初步分析。由于在方案阶段建筑物还有许多细节没有确定，所以结构的初步分析必须抓住结构的主要方面，忽略细节，计算模型可以相对粗糙，但得出的结果应具有参考意义。

二、结构分析

结构分析是要计算结构在各种作用下的效应，它是结构设计的重要内容。结构分析的正确与否直接关系到所设计结构的安全性、适用性和耐久性是否满足要求。结构分析的核心问题是计算模型的确定，可以分为计算简图、计算理论和数学方法三个方面。

（一）计算简图

计算简图是对实际结构的简化假定，也是结构分析中最为困难的一个方面，简化的基本原则就是分析的结果必须能够解释和评估真实结构在预设作用下的效应，尽可能反映结构的实际受力特性，偏于安全且简单。要使计算简图完全精确地描述真实结构是不现实的，也是不必要的，因为任何分析都只能是近似实际结构。因此，在确定计算简图时应遵循一些基本假定：

（1）假定结构材料是均质连续的。虽然一切材料都是非均质连续的，但组成材料颗粒的间隙比结构的尺寸小很多，这种假设对结构的宏观力学性能不会引起显著的误差。

（2）只有主要结构构件参与整体性能的效应，即忽略次要构件和非结构构件对结构性能的影响。例如，在建立框架结构分析模型时，可将填充墙作为荷载施加在结构上，忽略其刚度对结构的贡献，从而导致结构的侧向刚度偏小。

（3）可忽略的刚度，即忽略结构中作用较小的刚度。例如，楼板的横向抗弯刚度、剪力墙平面外刚度等。该假定的采用需要根据构件在结构整体性能中应发挥的作用来进行确定。例如，一个由梁柱组成的框架结构，在进行结构整体分析时，可以忽略楼板的抗弯刚度、梁的抗扭刚度等。但在进行楼板、梁等构件的分析时，就不能忽略上述刚度。

（4）相对较小的和影响较小的变形可以忽略。包括：楼板的平面内弯曲和剪切变形，多层结构柱的轴向变形等。

（二）计算理论

结构分析所采用的计算理论可以是线弹性理论、塑性理论和非线性理论。

线弹性理论最为成熟，是目前普遍采用的一种计算理论，适用于常用结构的承载力极限状态和正常使用极限状态的结构分析。根据线弹性理论计算时，作用效应与作用成正比，结构分析也相对容易得多。

塑性理论可以考虑材料的塑性性能，比较符合结构在极限状态下的受力状态。塑性理论的实用分析方法主要有塑性内力重分布和塑性极限法。

非线性包括材料非线性和几何非线性。材料非线性是指材料、截面或构件的本构关系，如应力—应变关系、弯矩—曲率关系或荷载—位移关系等是非线性的。几何非线性是指由于结构变形对其内力的二阶效应使荷载效应与荷载之间呈现出非线性关系。结构的非线性分析比结构的线性分析复杂得多，需要采用迭代法或增量法计算，叠加原理也不再适用。在一般的结构设计中，线性分析已经足够。但是，对于大跨度结构、超高层结构，由于结构变形的二阶效应比较大，非线性分析是必需的。

（三）数学方法

结构分析中所采用的数学方法不外乎有解析法和数值法两种。解析法又称为理论解，由于结构的复杂性，大多数结构都难以抽象成一个可以用连续函数表达的数学模型，其边界条件也难以用连续函数表达，因此，解析法只适用于比较简单的结构模型。

数值方法可解决大型、复杂工程问题求解，计算机程序采用的就是数值解。常用的数值方法包括有限单元法、有限差分法、有限条法等。其中，应用最广泛的是有限单元法。这种方法将结构离散为一个有限单元的组合体，这样的组合体能够解析地模拟或逼近真实结构的解域。由于单元能够按不同的连接方式组合在一起，并且单元本身又可以有不同的几何形状，因此可以模拟几何形状复杂的结构解域。目前，国内外最常用的有限单元结构分析软件有PKPM、SAP2000、ETABS、MIDAS、ANSYS以及ADINA等。

尽管目前工程设计的结构分析基本上都是通过计算机程序完成的，一些程序甚至还可以自动生成施工图，但应用解析方法或者说是手算方法来进行结构计算，对于土木工程专业的学生来说，是十分重要的。手算方法的解析解是结构设计的重要基础，解析解的概念清晰，有助于人们对结构受力特点的把握，掌握基本概念。作为一个优秀的结构工程师不仅要求掌握精确的结构分析方法，还要求能对结构问题做出快速的判断，这在方案设计阶段和处理各种工程事故、分析事故原因时显得尤为重要。而近似分析方法可以训练人的这种能力，培养概念设计能力。

三、构件设计

构件设计包括截面设计和节点设计两个部分。对于混凝土结构，截面设计有时也称为配筋计算，因为截面尺寸在方案设计阶段已初步确定，构件设计阶段所做的工作是确定钢筋的类型、放置位置和数量。节点设计也称为连接设计。

构件设计有两项工作内容：计算和构造。在结构设计中，一部分内容是由计算确定的，另一部分内容则是根据构造规定确定的。构造是计算的重要补充，两者同等重要，在各种设计规范中对构造都有明确的规定。千万不能重计算、轻构造。

四、施工图绘制

结构设计的最后一个步骤是施工图绘制工作，结构设计人员提交的最终成果就是结构设计图纸。图是工程师的语言，工程师的设计意图是通过图纸来表达的。如同人的语言表达，图面的表达应该做到正确、规范、简洁和美观。

第三节　结构概念设计

概念设计就是在结构初步设计过程中，应用已有的经验，进行结构体系的选择、结构布置，并从总体上把握结构的特性，使结构在预设的各种作用下的反应控制在预期的范围内。概念设计的主要内容有：结构体系的选择、建筑形体及构件布置、变形缝的设置和构造等。

一、结构体系的选择

所谓结构体系的选择就是选择合理的结构体系，应根据建筑物的平面布置、抗震设防类别、抗震设防烈度、建筑高度、场地条件、地基、结构材料和施工因素等，经技术、经济和使用条件综合比较后确定。我国现行的《建筑抗震规范》（GB 50011-2010）明确规定，结构体系应符合以下各项要求：

（1）有明确的计算简图和合理的地震作用传递途径。

（2）应避免因部分结构或构件破坏而导致丧失抗震能力或对重力荷载的承载能力。这就要求结构应设计成超静定体系，即使在某些部位遭到破坏时也不会导致整个结构的失效。

（3）应具备必要的抗震承载力、良好的变形能力和消耗地震能量的能力。

（4）对可能出现的薄弱部位，应采取措施提高抗震能力。结构的薄弱部位一般出现在刚度突变，如转换层、竖向有过大的内收或外突、材料强度发生突变等部位，对这些部位都要采取措施进行加强。

建筑的高度是决定结构体系的又一重要因素。一般情况下，多层住宅建筑或其他横墙较多、开间较小的多层建筑，可采用砌体结构，而大开间建筑、高层建筑等，多采用框架结构、板柱结构（或板柱—剪力墙结构）、剪力墙结构、框架—剪力墙结构以及筒体结构等。

二、建筑形体及构件布置

在建筑结构设计中，除了选择合理的结构体系外，还要恰当地设计和选择建筑物的平立面形状和形体。尤其是在高层结构的设计中，保证结构安全性及经济合理性的要求比一般多层建筑更为突出，因此结构布置、选型是否合理，应更加受到重视。结构的总体布置要考虑结构的受力特点和经济合理性，主要有三点：控制结构的侧向变形；合理的平面布置；合理的竖向布置。

（一）控制结构的侧向变形

结构要同时承受竖向荷载和水平荷载，还要抵抗地震作用。水平荷载作用下，侧移随结构的高度增加最快。当高度增加到一定值时，水平荷载就会成为控制因素而使结构产生过大的侧移和层间相对位移，从而使居住者有不适的感觉，甚至破坏非结构构件。因此，必须将结构的侧移限制在一个合理的范围内。另外，随着高度的增加，倾覆力矩也将迅速增大。因此，高层建筑中控制侧向位移常常成为结构设计的主要矛盾。限制结构的侧移，除了限制结构的高度外，还要限制结构的高宽比。

（二）平面布置

在一个独立的结构单元内，宜使结构平面形状简单、规则，刚度和承载力分布均匀。不应采用严重不规则的平面布置，高层建筑宜选用风作用效应较小的平面形状，如圆形、正多边形等。有抗震设防要求的高层建筑，一个结构单元的长度（相对其宽度）不宜过长，否则在地震作用时，结构的两端可能会出现反相位的振动，导致建筑被过早地破坏。

（三）竖向布置

结构的竖向布置应力求形体规则、刚度和强度沿高度均匀分布，避免过大的外挑和内收，避免错层和局部夹层，同一层的楼面应尽量设在同一标高处。高层建筑结构设计中，经常会遇到结构刚度和强度发生变化的情形，对于这种情况，应逐渐变化。对于框架结构，楼层侧向刚度不宜小于相邻上部楼层刚度的70%以及其相邻上部三层侧向平均刚度的80%。

三、变形缝的设置和构造

在进行建筑结构的总体布置时，应考虑沉降、温度收缩和形体复杂对结构受力的不利影响，常用沉降缝、伸缩缝或防震缝将结构分成若干个独立单元，以减少沉降差、温度应力和形体复杂对结构的不利影响。但有时从建筑使用要求和立面效果以及防水处理困难等方面考虑，希望尽量不设缝。特别是在地震区，由于缝将房屋分成几个独立的部分，地震中可能会因为互相碰撞而造成震害。因此，目前的总趋势是避免设缝，并从总体布置或构造上采取一些措施来减少沉降、温度收缩和形体复杂引起的问题。

（一）沉降缝

一般情况下，多层建筑不同的结构单元高度相差不大，除非地基差别较大，一般不设沉降缝。在高层建筑中，常在主体结构周围设置1～3层高的裙房，它们与主体结构的高度差异悬殊，重量差异悬殊，会产生相当大的沉降差。过去常采用设置沉降缝的方法将结构从顶到基础整个断开，使各部分自由沉降，以避免由沉降差引起附加应力对结构的危害。但是，高层建筑常常设置地下室，设置沉降缝会使地下室构造复杂，缝部位的防水构造也不容易做好。在地震区，沉降缝两侧上部结构容易碰撞造成危害。因此，目前在一些建筑中不设沉降缝，而将高低部分的结构连成整体，同时采取一些相应措施以减少沉降差。这些措施是：

（1）采用压缩性小的地基，减小总沉降量及沉降差。当土质较好时，可加大埋深，利用天然地基，以减少沉降量。当地基不好时，可以用桩基将重量传到压缩性小的土层中，以减少沉降差。

（2）设置施工后浇带。把高低部分的结构及基础设计成整体，但在施工时将它们暂时断开，待主体结构施工完毕，已完成大部分沉降量（50%以上）以后，再浇灌连接部分的混凝土，将高低层连成整体。在设计时，基础应考虑两个阶段不同的受力状态，分别进行强度校核。连成整体后的计算应当考虑后期沉降差引起的附加内力。这种做法要求地基土较好，房屋的沉降能在施工期间内基本完成。

（3）将裙房做在悬挑基础上，这样裙房与高层部分沉降一致，不必用沉降缝分开。这种方法适用于地基土软弱、后期沉降较大的情况。由于悬挑部分不能太长，因此裙房的范围不宜过大。

（二）伸缩缝

新浇混凝土在凝结过程中会收缩，已建成的结构受热膨胀受冷则收缩，当这种变形受到约束时，会在结构内部产生应力。混凝土凝结收缩的大部分将在施工后的前两个月内完成，温度变化对结构的作用则是经常的。由温度变化引起的结构内力称为温度应力，它在房屋的长度方向和高度方向都会产生影响。

房屋的长度越长，楼板沿长度方向的总收缩量和温度引起的长度化就越大。如果楼板的变形受到其他构件（墙、柱和梁）约束，在楼板中就会产生拉应力或压应力。在约束构件中也会相应地受到推力或拉力，严重时会出现裂缝。多层建筑温度应力的危害一般在结构的顶层，而高层建筑温度应力的危害在房屋的底部数层和顶部数层都较为明显。

房屋基础埋在地下，它的收缩量和受温度变化的影响比较小，因而底部数层的温度变形及收缩会受到基础的约束；在顶部，由于日照直接照射在屋盖上，相对于下部各层楼板，屋顶层的温度变化更为剧烈，可以认为屋顶层受到下部楼层的约束；中间各楼层，使用期间温度条件接近，变化也接近，温度应力影响较小。因此，在高层建筑中，温度裂缝常常出现在结构的底部或顶部。温度变化所引起的应力常在屋顶板的四角产生“八”字形裂缝或在楼板的中部产生“一”字形裂缝；墙体中产生裂缝经常出现在房屋的顶层纵墙端部或横墙的两端，一般呈“八”字形，缝宽可达1～2mm，甚至更宽。

为了消除温度和收缩对结构造成的危害，可以用伸缩缝将上部结构从顶部到基础顶部断开，分成独立的温度区段。结构温度区段的适用长度或伸缩缝的最大间距和沉降缝一样，这种伸缩缝也会造成多用材料、构造复杂和施工困难。

温度、收缩应力的理论计算比较困难，究竟温度区段允许多长还是一个需要探讨的问题。但是，收缩应力问题必须重视。近年来，国内外普遍采取不设伸缩缝而从施工或构造处理的角度来解决收缩应力问题的方法，房屋长度可达

130m，取得了较好的效果，归纳起来有下面几项措施：

（1）设后浇带。混凝土早期收缩占总收缩的大部分，建筑物过长时，可在适当距离选择对结构无严重影响的位置设后浇带，通常每隔30～40m设置一道。后浇带保留时间一般不少于1个月，在此期间收缩变形可完成30%～40%。后浇带的浇筑时间宜选择气温较低时，因为此时主体混凝土处于收缩状态。带的宽度一般为800～1000mm，带内的钢筋采用搭接或直通加弯的做法。这样，带两边的混凝土在带浇灌以前能自由收缩。在受力较大部位留后浇带时，主筋可先搭接，浇灌前再进行焊接。后浇带混凝土宜用微膨胀水泥（如浇筑水泥）配制。

（2）局部设伸缩缝。由于结构顶部及底部受温度应力较大，因此，在高层建筑中可采取在上面或下面的几层局部设缝的办法（约1/4全高）。

（3）从布置及构造方面采取措施减少温度应力的影响。由于屋顶受温度影响较大，通常应采取有效的保温隔热措施，例如，可采取双层屋顶的做法，或者不使屋顶连成整片大面积平面，而是做成高低错落的屋顶。当外墙为现浇混凝土墙体时，也要注意采取保温隔热措施。

（4）在结构中对温度应力比较敏感的部位应适当加强配筋，以抵消温度应力，防止出现温度裂缝，比如在屋面板设置温度筋。

（三）防震缝

有些建筑平面复杂、不对称或各部分刚度、高度和重量相差悬殊时，在地震作用下，会造成过大的扭转或其他复杂的空间振动形态，容易造成连接部位的震害，这种情形可通过设置防震缝来避免。《高层建筑混凝土结构规程》（JGJ3—2010）规定，高层建筑宜调整平面形状和结构布置，避免结构不规则，不设防震缝。当建筑物平面复杂又无法调整其平面形状或结构布置，使之成为较规则的结构时，宜设置防震缝将其分为几个较简单的结构单元。

凡是设缝的位置应考虑相邻结构在地震作用下因结构变形、基础转动或平移引起的最大可能侧向位移。防震缝宽度要留够，允许相邻房屋可能出现反向的振动，而不发生碰撞。防震缝的设置应符合下列规定：

（1）框架结构房屋，当高度不超过15m时，可采用100mm；当超过15m时，6度、7度、8度和9度时相应地每增加高度5m、4m、3m和2m，宜加宽20mm。

（2）框架—抗震墙结构房屋的防震缝宽度可按上述第（1）项规定数值的

70%采用，抗震墙房屋的防震缝宽度可按上述第（1）项规定数值的50%采用。但二者均不宜小于100mm。

（3）防震缝两侧结构体系不同时，防震缝宽度按不利的体系考虑，并按较低高度计算缝宽。

（4）防震缝应沿房屋全高设置，地下室、基础可不设防震缝，但在设置的防震缝处应加强构造和连接。

总的来说，要优先采用平面布置简单、长度不大的塔式楼；当体型复杂时，要优先采取加强结构整体性的措施，尽量不设缝。规则与不规则的区分是一个很复杂的问题，主要依赖于工程师的经验。一个有良好素养的结构工程师，应当对所设计结构的抗震性能有正确的估计，要能够区分不规则、特别不规则和严重不规则的程度，避免采用抗震性能差的严重不规则的设计方案。我国《建筑抗震设计规范》（GB 50011-2010）对平面不规则和竖向不规则的主要类型规定了相应的定义和参考指标。当存在多项不规则或某项不规则超过规定参考指标较多时，应属于特别不规则建筑。特别不规则，指的是形体复杂，多项不规则指标超过上限值或某一项大大超过规定值，具有现有技术和经济条件不能克服的严重的抗震薄弱环节，可能导致地震破坏的严重后果者。

第四节　概率极限状态设计方法

一、结构的功能要求

（一）设计基准期

设计基准期是为确定可变作用及与时间有关的材料性能取值而选用的时间参数，它不等同于建筑结构的设计使用年限。《建筑结构可靠度设计统一标准》（GB 50068—2018）中规定的荷载统计参数，都是按设计基准期50年确定的。如设计时需要采用其他设计基准期，则必须另行确定在设计基准期内最大荷载的概率分布及相应的统计参数。

（二）设计使用年限

设计使用年限是指设计规定的结构或结构构件不需进行大修即可按其预定目的使用的时期，即房屋建筑在正常设计、正常施工、正常使用和维护下所应达到的使用年限，如达不到这个年限则意味着在设计、施工、使用与维护的某一环节上出现了非正常情况。所谓“正常维护”包括必要的检测、防护及维修。设计使用年限是房屋建筑的地基基础工程和主体结构工程“合理使用年限”的具体化。根据《建筑结构可靠度设计统一标准》（GB 50068-2018）的规定，结构的设计使用年限应按表1-1采用，若建设单位提出更高要求，也可按建设单位的要求确定。

表1-1　各类建筑结构设计使用年限

类别	设计使用年限/年	示例
1	5	临时性结构
2	50	普通房屋和构筑物
3	100	纪念性建筑和特别重要的建筑结构

除此之外，在结构可靠性理论中常使用的时间概念还有“设计基准期”，它是确定可变作用及与时间有关的材料性能等取值而选用的时间参数。设计基准期不等同于结构的设计使用年限。我国针对不同的工程结构，规定了不同的设计基准期，如建筑结构为50年，桥梁结构为100年，水泥混凝土路面结构不大于30年，沥青混凝土路面结构不大于15年。

（三）结构的功能要求

结构在规定的设计使用年限内应满足下列功能要求。

1.安全性

安全性是指在正常施工和正常使用时能承受可能出现的各种作用。在设计规定的偶然事件（如地震、爆炸）发生时及发生后，仍能保持必需的整体稳定性。所谓整体稳定性，系指在偶然事件发生时及发生后，建筑结构仅产生局部的损坏而不致发生连续倒塌。

2.适用性

适用性是指在正常使用时具有良好的工作性能。如不产生影响使用的过大的变形或振幅，不发生足以让使用者产生不安的过宽的裂缝。

3.耐久性

耐久性是指在正常维护下具有足够的耐久性能。所谓足够的耐久性能，系指结构在规定的工作环境中，在预定时期内，其材料性能的恶化不会导致结构出现不可接受的失效概率。从工程概念上讲，足够的耐久性能就是指在正常维护条件下结构能够正常使用到规定的设计使用年限。

（四）结构的可靠度

结构的安全性、适用性、耐久性即为结构的可靠性。结构可靠度是对结构可靠性的概率描述，即结构的可靠度指的是，结构在规定的时间内，在规定的条件下，完成预定功能的概率。

结构可靠度与结构的使用年限长短有关，《建筑结构可靠度设计统一标准》（GB 50068–2018）中规定的结构可靠度或结构失效概率，是对结构的设计使用年限而言的，也就是说，规定的时间指的是设计使用年限；规定的条件则是指正常设计、正常施工、正常使用，不考虑人为过失的影响，人为过失应通过其他措施予以避免。为保证建筑结构具有规定的可靠度，除应进行必要的设计计算外，还应对结构材料性能、施工质量、使用与维护进行相应的控制。对控制的具体要求，应符合有关勘察、设计、施工及维护等标准的专门规定。

（五）结构的安全等级

工程结构的重要程度是根据其使用功能确定的，相应地在进行结构设计时对其安全度的要求也应该不同，《建筑结构可靠度设计统一标准》（GB 50068–2018）中根据建筑结构类型和破坏可能产生后果的严重程度把结构安全等级划为三级，见表1–2所示。建筑物中各类结构构件的安全等级宜与整个结构的安全等级相同，但允许对部分结构构件根据其重要程度和综合经济效益进行适当调整。如提高某一结构构件的安全等级所需额外费用很少，又能减轻整个结构的破坏，从而大大减少人身伤亡和财产损失，则该结构构件的安全等级可比整个结构的安全等级提高一级。相反，如某一结构构件的破坏并不影响整个结构或其他结构构件的安全性，则可将其安全等级降低一级，但不得低于三级。

表1-2　建筑结构安全等级

安全等级	破坏后果	建筑物的类型
一级	很严重	重要的房屋
二级	严重	一般的房屋
三级	不严重	次要的房屋

（六）地基基础设计等级

根据地基复杂程度、建筑物规模和功能特征以及因地基问题可能造成建筑物破坏或影响正常使用的程度，地基基础的设计分为甲、乙、丙三个设计等级。对于甲级和乙级地基基础，应进行地基的承载力计算和变形计算；对于部分丙级地基基础可仅进行地基的承载力计算，不做变形计算。

二、结构功能的极限状态

整个结构或结构的一部分超过某一特定状态就不能满足设计规定的某一功能要求，这个特定状态称为该功能的极限状态。极限状态可分为下列两类。

（一）承载能力极限状态

这种极限状态对应于结构或结构构件达到最大承载能力或不适于继续承载的变形。当结构或结构构件出现下列状态之一时，应认为超过了承载能力极限状态：

（1）整个结构或结构的一部分作为刚体失去平衡、倾覆等。

（2）结构构件或连接因超过材料强度而破坏（包括疲劳破坏）或因过度变形而不适于继续承载。

（3）结构转变为机动体系。

（4）结构或结构构件丧失稳定、压屈等。

（5）地基丧失承载能力而被破坏、失稳等。超过承载能力极限状态后，结构或构件就不能满足安全性要求。

（二）正常使用极限状态

这种极限状态对应于结构或结构构件达到正常使用或耐久性能的某项规定限值。当结构或结构构件出现下列状态之一时，应认为超过了正常使用极限状态：

（1）影响正常使用或外观的变形。

（2）影响正常使用或耐久性能的局部损坏（包括裂缝）。

（3）影响正常使用的振动。

（4）影响正常使用的其他特定状态。结构或构件除了进行承载能力极限状态验算之外，还应进行正常使用极限状态验算。

三、极限状态方程

设S表示荷载效应，它代表由各种荷载分别产生的荷载效应的总和，可以用一个随机变量来描述；设R表示结构构件抗力，也当作一个随机变量。构件每一个截面满足$S \leqslant R$时，才认为构件是可靠的，否则认为是失效的。

结构的极限状态可以用极限状态函数来表达。承载能力极限状态函数可表示为

$$Z=R-S \tag{1-1}$$

根据S、R的取值不同，Z值可能出现三种情况，并且容易知道：

当$Z=R-S>0$时，结构能够完成预定功能，处于可靠状态；

当$Z=R-S=0$时，结构不能够完成预定功能，处于极限状态；

当$Z=R-S<0$时，结构处于失效状态。方程式：

$$Z=g(R, S)=R-S=0 \tag{1-2}$$

称为极限状态方程。

结构设计中经常考虑的不仅是结构的承载力，多数情况下还需要考虑结构对变形或开裂等的抵抗能力，也就是说要考虑结构的适用性和耐久性的要求。由此，上述极限状态方程可推广为

$$Z=g(x_1, x_2, \cdots, x_n) \tag{1-3}$$

式中，$g(x_1, x_2, \cdots, x_n)$是函数记号，在这里称为功能函数。$g(x_1, x_2, \cdots, x_n)$由所研究的结构功能而定，可以是承载能力，也可以是变形或裂缝

宽度等。x_1，x_2，…，x_n为影响该结构功能的各种荷载效应以及材料强度、构件的几何尺寸等。结构功能则为上述各变量的函数。

四、结构的可靠度

（一）结构的可靠性

结构的可靠性是指结构在规定的设计使用年限内（一般为50年），在规定的条件下（即正常设计、正常施工、正常使用和维护），完成预定结构功能的能力，即安全性、适用性和耐久性。

（1）鉴于荷载效应S和抗力R的随机性，结构是否可靠应属于概率的范畴，即用结构完成其预定功能的概率是否小到某一程度来评价结构的可靠性。

（2）结构可靠性越高，建设造价投资越大。

如何在结构可靠与经济之间取得均衡，是结构设计方法要解决的问题。

结构的可靠度是结构在规定的时间内、规定的条件下，完成预定功能的概率。可见，结构的可靠度是结构可靠性的概率度量。

（二）确定结构可靠度要求的依据

（1）可靠与经济的均衡受多方面影响，如国家经济实力、设计工作寿命、维护和修复等。

（2）经济的概念不仅包括第一次建设费用，还应考虑维修、损失及修复的费用。

（3）设计人员可以根据具体工程的重要程度、使用环境和情况，以及业主的要求，提高设计水准，增加结构的可靠度。

（4）规范规定的设计方法是这种均衡的最低限度，也是国家法律。

五、结构可靠度计算

先用荷载和结构构件的抗力来说明结构可靠度的概念。

在混凝土结构的早期阶段，人们往往以为只要把结构构件的承载能力或抗力降低某一倍数，即除以一个大于1的安全系数，使结构具有一定的安全储备，有足够的能力承受荷载，结构便安全了。例如，用抗力的平均值μ_R与荷载效应的平均值μ_S表达的单一安全系数K，定义为：

$$K=\frac{\mu_R}{\mu_S} \tag{1-4}$$

其相应的设计表达式为

$$\mu_R \geqslant K\mu_S \tag{1-5}$$

实际上这种概念并不正确，因为这种安全系数没有定量地考虑抗力和荷载效应的随机性，而是要靠经验或工程判断的方法确定，带有主观成分。安全系数定得过低，难免不安全；定得过高，又偏于保守，造成浪费。所以，这种安全系数不能反映结构的实际失效情况。

鉴于抗力和荷载效应的随机性，安全可靠应该属于概率的范畴，应当用结构完成其预定功能的可能性（概率）的大小来衡量，而不是用一个定值来衡量。当结构完成其预定功能的概率达到一定程度，或不能完成其预定功能的概率（失效概率）小到某一公认的、大家可以接受的程度，就认为该结构是安全可靠的。这比笼统地用安全系数来衡量结构安全与否更为科学和合理。

结构在规定的时间内，在规定的条件下，完成预定功能的能力称为结构的可靠性。规定时间是指结构的设计使用年限，所有的统计分析均以该时间区间为准。所谓的规定条件，是指正常设计、正常施工、正常使用和正常维护的条件下，不包括非正常的，例如人为的错误等。

结构的可靠度是结构可靠性的概率度量，即结构在设计使用年限内，在正常条件下，完成预定功能的概率。因此，结构的可靠度用可靠概率P_S表示。反之，在设计使用年限内，在正常条件下，不能完成预定功能的概率，即结构处于失效状态的概率，称为失效概率，用P_f表示。由于两者互补，所以

$$P_s+P_f=1\text{或}P_f=1-P_s \tag{1-6}$$

因此，结构的可靠性也可用失效概率来度量。

六、极限状态设计表达式

（一）分项系数

采用概率极限状态方法用可靠指标β进行设计，需要大量的统计数据，且当随机变量不服从正态分布、极限状态方程是非线性时，计算可靠指标β比较复杂。对于一般常见的工程结构，直接采用可靠指标进行设计工作量大，有时会遇到统计资料不足而无法进行的困难。考虑多年来的设计习惯和实用上的简便，《建筑结构可靠度设计统一标准》（GB 50068–2018）提出了便于实际使用的设计表达式，称为实用设计表达式。

实用设计表达式把荷载、材料、截面尺寸、计算方法等视为随机变量，应用数理统计的概率方法进行分析，采用以荷载和材料强度的标准值分别与荷载分项系数和材料分项系数相联系的荷载设计值、材料强度设计值来表达的方式。这样，既考虑了结构设计的传统方式，又避免设计时直接进行概率方面的计算。分项系数按照目标可靠指标[β]值（或确定的结构失效概率P_f值），并考虑工程经验优选确定后，将其隐含在设计表达式中。所以，分项系数起着考虑目标可靠指标的等价作用。例如，永久荷载和可变荷载组合下的设计表达式为：

$$\gamma_R\mu_R \geq \gamma_G\mu_G + \gamma_Q\mu_Q \tag{1-7}$$

式中，γ_R为抗力分项系数；γ_G为永久荷载分项系数；γ_Q为可变荷载分项系数；μ_G、μ_Q分别为永久荷载和可变荷载的平均值。

（二）承载能力极限状态设计表达式

令S_d为荷载效应的设计值，令R_d为结构抗力的设计值，考虑结构安全等级或结构的设计使用年限的差异，其目标可靠指标应做相应的提高或降低，故引入结构重要性系数γ_0：

$$\gamma_0 S_d \leqslant R_d \tag{1-8}$$

上式为极限状态设计简单表达式，式中γ_0为结构构件的重要性系数，与安全等级对应，对安全等级为一级或设计使用年限为100年及以上的结构构件不应小于1.1；对安全等级为二级或设计使用年限为50年的结构构件不应小于1.0；对安全等级为三级或设计使用年限为5年及以下的结构构件不应小于0.9；在抗震设计中，不考虑结构构件的重要性系数。实际上荷载效应中的荷载有永久荷载和可变荷载，并且可变荷载不止一个，同时可变荷载对结构的影响有大有小，多个可变荷载也不一定同时发生，例如，高层建筑各楼层可变荷载全部满载且遇到最大风荷载的可能性就不大。为此，考虑两个或两个以上可变荷载同时出现的可能性较小，引入荷载组合值系数对其标准值折减。

按承载能力极限状态设计时，应考虑作用效应的基本组合，必要时应考虑作用效应的偶然组合。《建筑结构荷载规范》（GB 50009-2012）规定：对于基本组合，荷载效应组合的设计值应由可变荷载效应控制的组合和永久荷载效应控制的两组组合中取最不利值确定。

（1）由可变荷载控制的效应设计值。

$$S_d = \sum_{j=1}^{m} \gamma_{G_j} S_{G_j k} + \gamma_{Q_1} \gamma_{L_1} S_{Q_1 k} + \sum_{i=2}^{n} \gamma_{Q_i} \gamma_{L_i} \psi_{c_i} S_{Q_i k} \tag{1-9}$$

（2）由永久荷载控制的效应设计值。

$$S_d = \sum_{j=1}^{m} \gamma_{G_j} S_{G_j k} + + \sum_{i=1}^{n} \gamma_{Q_i} \gamma_{L_i} \psi_{c_i} S_{Q_i k} \tag{1-10}$$

式中：γ_{G_j}——第j个永久荷载的分项系数。当其效应对结构不利时，对由可变荷载效应控制的组合，应取1.2，对由永久荷载效应控制的组合，应取1.35；当其效应对结构有利时的组合，不应大于1.0；

γ_{Q_j}——第i个可变荷载的分项系数，对标准值大于4kN/m^{2}的工业房屋楼面结构的活荷载，应取1.3；其他情况应取1.4。

γ_{L_i}——第i个可变荷载考虑设计使用年限的调整系数；

$S_{G_j k}$——按永久荷载标准值计算的荷载效应值；

$S_{Q_i k}$——按可变荷载标准值计算的荷载效应值；

ψ_{c_i}——可变荷载的组合值系数；

m——参与组合的永久荷载数；

n——参与组合的可变荷载数。

需要注意，基本组合中的效应设计值仅适用于荷载与荷载效应为线性的情况；当对S_{Q_1k}无法明显判断时，应轮次以各可变荷载效应为S_{Q_1k}，选其中最不利的荷载组合效应设计值。对结构的倾覆、滑移或漂浮验算，荷载的分项系数应满足有关的结构设计规范的规定。

（三）正常使用极限状态设计表达式

按正常使用极限状态设计，主要是验算构件的变形和抗裂度或裂缝宽度。按正常使用极限状态设计时，应根据实际设计的需要，区分荷载的短期作用（标准组合、频遇组合）和荷载的长期作用（准永久组合），采用荷载的标准组合、频遇组合或准永久组合，并按下列设计表达式进行设计：

$$S_d \leqslant C \qquad (1\text{-}11)$$

式中，C为结构或结构构件达到正常使用要求的规定限值，例如，变形、裂缝、振幅、加速度、应力等的限值，应按各有关建筑结构设计规范的规定执行。

（1）荷载标准组合的效应设计值S_d。

$$S_d = \sum_{j=1}^{m} S_{G_jk} + S_{Q_1k} + \sum_{i=2}^{n} \psi_{c_i} S_{Q_ik} \qquad (1\text{-}12)$$

式中，永久荷载及第一个可变荷载采用标准值，其他可变荷载均采用组合值。ψ_{c_i}为可变荷载的组合值系数。

（2）荷载频遇组合的效应设计值S_d。

按荷载的频遇组合时，荷载效应组合的设计值S_d为：

$$S_d = \sum_{j=1}^{m} S_{G_jk} + \sum_{i=1}^{n} \psi_{q_i} S_{Q_ik} \qquad (1\text{-}13)$$

式中，ψ_{q_i}——可变荷载准永久值系数。

需要注意，无论标准组合、频遇组合还是准永久组合，组合中的设计值仅适用于荷载与荷载效应为线性的情况。

通常情况下，标准组合主要用于当一个极限状态被超越时将产生严重的永久性损害的情况；频遇组合主要用于当一个极限状态被超越时将产生局部损害、较大变形或短暂振动的情况；准永久组合主要用于当长期效应是决定性因素的情况。

第五节　建筑结构的作用

一、作用

（一）作用的概念

土木工程结构是指用土木工程材料建造的房屋、隧道、桥梁、港口及大坝等基础工程设施。使结构或其构件产生内力（如弯矩、轴力或剪力）、变形（如位移、挠度）和裂缝等效应的各种原因的总称，称为工程结构或其构件上的作用。

承受在施工和使用过程中的各种作用是工程结构最重要的功能，如建筑结构承受的自重、人群和地震作用，隧道结构承受的土压力、水压力和爆炸作用，桥梁结构承受的车辆重力、车辆冲击力和风作用，港口结构承受的波浪、船舶撞击力和腐蚀介质作用，以及大坝结构承受的水压力、土压力和温度收缩作用等。

（二）作用的分类

一般来讲，完整的作用模式包含作用的位置、方向及持续时间等，而有时不同作用方面会相互作用。由于工程结构上作用的种类和形式繁多且取值方法的不同，不同的作用产生的作用效应也千差万别，有必要按照作用的基本性质等对作用进行分类。不同的分类方法反映了作用的某些基本性质或作用效应重要性的不同，以便开展工程结构的设计。结构上作用的分类方法有多种，常见的各种作用分类原则如下所述。

1.按随时间的变异分类

按随时间的变异分类是对作用的基本分类，应用最为广泛。

（1）永久作用。在结构设计基准期内，作用值不随时间变化，或其变化与平均值相比可以忽略不计的作用，如结构自重、基础不均匀沉降、土的侧压力、预加应力、混凝土收缩和徐变等。

由于混凝土收缩和徐变、基础部均匀，沉降一般在5至6年内基本完成，它们均随时间单调变化而趋于限值，故归为永久作用类别；由于桥梁基础透水时，浮力将长期存在，也归于永久作用类别。

（2）可变作用。在结构设计基准期内，其作用值随时间变化，且其变化与平均值相比不可忽略的作用，如楼面和屋面活荷载、车辆荷载、人群荷载、风荷载、雪荷载、波浪荷载、温度变化等。

可变作用又可以分为基本可变作用和其他可变作用两类，基本可变作用包括楼面和屋面活荷载、车辆荷载、人群荷载等，其他可变作用包括风荷载、雪荷载、波浪荷载、温度变化等。

（3）偶然作用。在设计基准期内，不一定出现，一旦出现虽然持续时间很短但是其量值很大的作用，如地震、撞击、爆炸、火灾等。

可见，可变作用的变异性比永久作用的变异性大，因此，可变作用的相对取值（与其平均值之比）应比永久作用的相对取值大。永久作用的统计规律与时间参数无关，故采用随机变量概率模型来进行描述；可变作用的统计规律与时间参数有关，则采用随机过程概率模型来描述。永久作用、可变作用和偶然作用出现的概率和持续的时间长短有所不同，可靠度水准也不同。

2.按随空间位置的变异分类

（1）固定作用。在结构空间位置上固定不变的分布，但其量值可能具有随机性的作用，如结构自重、固定的设备荷载等。

（2）自由作用。在结构空间位置上的一定范围内可以任意分布，出现的位置及量值都可能具有随机性作用，如厂房中的吊车荷载、楼面上的人群和家具荷载，桥梁上的车辆荷载等。

设计时，由于自由作用在结构空间上的可移动性，必须考虑它在结构上引起最不利效应的分布情况。

3.按结构的反应特点分类

（1）静态作用。逐渐地、缓慢地施加在结构上，对结构或结构构件不产生动力效应，或其产生的动力效应与静态效应相比可以忽略不计的作用，如结构自重、建筑的楼面活荷载、雪荷载、温度变化等。

（2）动态作用。对结构或结构构件产生不可忽略的动力效应的作用，如地震作用、阵风脉动、大型设备振动、冲击荷载和爆炸等。

进行结构分析时，对于动态作用下的结构或构件，必须考虑其动力效应，一般按结构动力学的方法开展分析。对有些动态作用，也可先乘以动力系数，将动态作用转换成等效静态作用，再按静力学方法进行结构分析。

二、荷载代表值

不同荷载都具有不同性质的变异性。在设计中，不可能直接引用反映荷载变异性的各种统计参数，通过复杂的概率运算进行具体设计。因此，在设计时，除了采用能便于设计者使用的设计表达式外，对荷载还应赋予一个规定的量值，称为荷载代表值。在极限状态设计表达式中荷载是以代表值的形式出现的，荷载可根据不同的设计要求，规定不同的代表值，以使之能更确切地反映它在设计中的特点。《建筑结构荷载规范》（GB 50009-2012）给出了荷载的4种代表值，即标准值、组合值、频遇值和准永久值，其中标准值是荷载的基本代表值，其他代表值是标准值乘以相应的系数后得出的。结构设计时，应根据各种极限状态的设计要求采用不同的荷载代表值。对永久荷载应采用标准值作为代表值。对可变荷载应采用标准值、组合值、频遇值或准永久值作为代表值。对偶然荷载应按建筑结构使用特点确定其代表值。

（一）荷载标准值

荷载标准值是荷载的基本代表值，是指在结构使用期间可能出现的最大荷载值。由于荷载本身的随机性，使用期间的最大荷载实际上是一个随机变量。《建筑结构可靠度设计统一标准》（GB 50068-2018）规定，以设计基准期最大荷载概率分布的某个分位置作为该荷载的标准值。

目前，并非对所有荷载都能取得充分的资料，为此，不得不从实际出发，根据已有的工程实践经验，通过分析判断后，协议一个公称值（Nominal value）作为代表值。《建筑结构荷载规范》（GB 50009-2012）规定，对于结构自身重力可以根据结构的设计尺寸和材料的重力密度确定。可变荷载通常还与时间有关，是一个随机过程，如果缺乏大量的统计资料，也可以近似地按随机变量来考虑。按照ISO国际标准的建议，可变荷载标准值应由设计基准期内最大荷载统计分布，取其平均值减1.645倍标准差确定。考虑我国的具体情况和规范的衔接，《建筑结构荷载规范》（GB 50009-2012）采用的基本上是经验值。其他的荷载代表值都可在标准值的基础上乘以相应的系数得出。对某类荷载，当有足够资料而有可能对其统一分布做出合理估计时，则在其设计基准期最大荷载的分布上，可根据协议的百分位，取其分位值作为该荷载的代表值，原则上可取分布的特征值（例如，均值、众值或中值），国际上习惯称之为荷载的特征值（Characteristic Value）。实际上，对于大部分自然荷载，包括风、雪荷载，习惯上都以其规定的平均重现期来定义标准值，也就是相当于以其重现期内最大荷载的分布的众值为标准值。需要说明的是，我国《建筑结构荷载规范》（GB 50009-2012）提供的荷载标准值属于强制性条款，在设计中必须作为荷载最小值采用；若不属于强制性条款，则应当由业主认可后采用，并在设计文件中注明。

（二）可变荷载组合值

当两种或两种以上的可变荷载在结构上要求同时考虑时，由于所有可变荷载同时达到其单独出现时可能达到的最大值的概率极小，因此，除主导荷载（产生最大效应的荷载）仍可以其标准值为代表值之外，其他伴随荷载均应采用小于其标准值的组合值为荷载代表值，使组合后的荷载效应在设计基准期内的超越概率与该荷载单独出现时的概率趋于一致。原则上组合值可按相应时段最大荷载分布中的协议分位值来确定。考虑目前实际荷载取样的局限性，《建筑结构荷载规范》（GB 50009-2012）并未明确荷载组合值的确定方法，主要还是在工程设计的经验范围内，偏保守地加以确定。

（三）可变荷载频遇值和准永久值

可变荷载的标准值反映了最大荷载在设计基准期内的超越概率，但没有反映出超越的持续时间长短。当结构按正常使用极限状态的要求进行设计时，需要从不同要求出发，选择频遇值或准永久值作为可变荷载代表值。

三、荷载分项系数与荷载设计值

为使在不同设计情况下的结构可靠度能够趋于一致，荷载分项系数应根据荷载不同的变异系数和荷载的具体组合情况，以及与抗力有关的分项系数的取值水平等因素确定。为了设计方便，《建筑结构可靠度设计统一标准》（GB 50068—

2018）将荷载分成永久荷载和可变荷载两类，相应给出永久荷载分项系数和可变荷载分项系数。两个分项系数是在荷载标准值已给定的前提下，使按极限状态设计表达式所得的各类结构构件的可靠指标，与规定的目标可靠指标之间，在总体上误差最小为原则，经优化后选定的。

四、楼面均布活荷载

楼面活荷载按其随时间的变异特点，可分为持久性和临时性两部分。持久性活荷载是指楼面上在某个时段内基本保持不变的荷载，如住宅内的家具、物品，工业厂房内的机器、设备和堆料，还包括常住人员的自重，这些荷载，除非发生一次搬迁，一般变化不大。临时性活荷载是指楼面上偶尔出现的短期荷载，例如，聚会的人群、维修工具和材料堆积、室内扫除时家具的集聚等。对持久性活荷载的概率统计模型，《建筑结构荷载规范》（GB 50009-2012）根据调查给出荷载变动的平均时间间隔及荷载的统计分布，采用时段的二项平稳随机过程。临时性活荷载，由于持续时间很短，要通过调查确定荷载在单位时间内出现次数的平均率及其荷载值的统计分布是困难的。《建筑结构荷载规范》（GB 50009-2012）通过对用户的调查，了解最近若干年内一次最大的临时性荷载值，以此作为某个时段内的最大临时荷载，并作为荷载统计的基础，所采用的概率模型也是时段的二项平稳随机过程。

五、屋面均布活荷载

屋面可变荷载包括屋面均布可变荷载、雪荷载和积灰荷载三种，均按屋面的水平投影面积计算。在荷载计算时，不上人的屋面均布活荷载，可不与雪荷载和风荷载同时组合。

屋面均布活荷载按《建筑结构荷载规范》（GB 50009-2012）的规定执行，当施工荷载较大时，以实际情况为准。对于在生产中有大量排灰的厂房及其邻近建筑，在设计时应考虑其屋面的积灰荷载，具体按《建筑结构荷载规范》（GB 50009-2012）执行。

不上人的屋面，当施工或维修荷载较大时，应以实际情况为准，对不同类型的结构应按有关设计规范的规定执行，但不得低于0.3kN/m^2；当上人的屋面兼作其他用途时，应按相应楼面活荷载的要求执行；对于因屋面排水不畅、堵塞等引起的积水荷载，应采取构造措施加以防止，必要时，应按积水的可能深度确定屋面活荷载；屋顶花园活荷载不应包括花圃土石等材料自重。

第六节　荷载组合

在设计基准期内，结构除承受永久荷载外，还可能同时承受两种以上的可变荷载，如风荷载、雪荷载等。但承受的可变荷载在设计基准期内同时达到最大荷载值的概率很小。因此，必须研究多个可变荷载效应组合的概率分布问题。

一、荷载效应组合规则

（一）Turkstra组合规则

Turkstra组合规则由Turkstra和Cprnell提出。该规则轮流以一个荷载效应的设计基准期内最大值和其余荷载的任意时点值组合，即取

$$S_{Ci}=\max S_i(t)+S_1(t_0)+\cdots+S_{i-1}(t_0)+S_{i+1}(t_0)+\cdots+S_n(t_0)$$

$$i=1，2，\cdots，n \tag{1-14}$$

式中：t_0——S_i（t）达到最大的时刻。

在时间T内，荷载效应组合的最大值S_c取为上列各组合的最大值，即

$$S_C=\max(S_{C1},S_{C2},\cdots,S_{Cn}) \tag{1-15}$$

其中任一组组合的概率分布可根据式（1–15）中各求和项的概率分布通过卷积运算得到。

Turkstra 规则组合不是偏于保守的，因为理论上还可能存在着更不利的组合，但由于 Turkstra 规则简单，是一个很好的近似方法，所以得到了广泛的应用。

（二）JCSS组合规则

JCSS 组合规则是国际结构安全度联合委员会建议的荷载组合规则。按照这

种规则，先假定可变荷载的样本函数为平稳二项过程，将某一可变荷载 Q_1（t）在设计基准期 [0，T] 内的最大值效应$\max\limits_{t\in[0,T]} S_1(t)$（持续时间为 τ_1）与另一可变荷载 Q_2（t）在时间 τ_1 内的局部最大值效应$\max\limits_{t\in[0,\tau_1]} S_2(t)$（持续时间为 τ_2），以及第三个可变荷载 Q_3（t）在时间 τ_2 内的局部最大值效应$\max\limits_{t\in[0,\tau_2]} S_3(t)$相组合，依此类推。按该规则确定荷载效应组合的最大值时，可考虑所有可能的不利组合项，取其中最不利者。对于 n 个荷载组合，一般有 2^{n-1} 项可能的不利组合。

JCSS组合规则和Turkstra组合规则虽然能较好地反映多个荷载效应组合的概率分布问题，但涉及复杂的概率运算，所以在实际工程设计中采用比较困难。

二、规范中的荷载效应组合

《建筑结构可靠度设计统一标准》（GB 50068–2018）中规定，工程结构设计应根据使用过程中可能出现的荷载，按承载力的极限状态和正常使用极限状态分别确定相应的结构作用效应的最不利组合。对持久状况及短暂状况，应分别对两类极限状态采用作用效应的最不利组合进行结构设计。

对承载力的极限状态，应考虑作用效应的基本组合（永久作用与可变作用的组合），必要时应考虑作用效应的偶然组合（永久作用、可变作用和一个偶然作用的组合）。

对正常使用极限状态，应根据不同的设计目的，分别选用下列作用效应的标准组合（对可变荷载采用标准值及组合值为荷载代表值的组合）、频遇组合（对可变荷载采用频遇值及准永久值为荷载代表值的组合）和准永久组合（对可变荷载采用准永久值为荷载代表值的组合）。标准组合主要用于当一个极限状态被超越时将产生严重的永久性损坏的情况。频遇组合主要用于当一个极限状态被超越时将产生局部损坏、较大变形或短暂振动等情况。准永久组合主要用于当长期效应是决定性因素时的一些情况。

（一）荷载效应组合的原则

（1）只有在结构上可能同时出现的作用，才进行其效应的组合；当结构或结构构件需要做不同受力方向的验算时，应以不同方向的最不利作用效应进行组合。

（2）当可变作用的出现对结构或结构构件产生有利影响时，该作用不应参与组合；实际不可能同时出现的作用或不同时参与组合的作用，不考虑其作用效应的组合。

（3）施工阶段作用效应的组合，应按计算需要及结构所处条件而定，结构上的施工人员和施工机具设备均应作为临时荷载加以考虑；组合式桥梁，当把底梁作为施工支撑时，作用效应分两个阶段组合，底梁受荷为第一个阶段，组合梁受荷为第二个阶段。

（4）多个偶然作用不能同时组合。

（二）荷载效应组合式。

对于基本组合，荷载效应组合的设计值S应考虑两种组合情况：可变荷载效应控制的组合及永久荷载效应控制的组合。S应从这两种组合值中选取不利值确定。

由可变荷载效应控制的组合：

$$S=\gamma_G\gamma_{Gk}+\gamma_{Q1}S_{Q1k}+\sum_{i-2}^{k}\psi_{ci}\gamma_{Qi}S_{Qik} \tag{1-16}$$

由永久荷载效应控制的组合

$$S=\gamma_G S_{Gk}+\sum_{i-2}^{k}\psi_{ci}\gamma_{Qi}S_{Qik} \tag{1-17}$$

式中：γ_G——永久荷载的分项系数，应按下列规定采用：

永久荷载效应对结构不利时，对由可变荷载效应控制的组合，应取1.2；对由永久荷载效应控制的组合，应取1.35。

当永久荷载效应对结构有利时，一般情况下应取1.0；对结构的倾覆、滑移或漂浮验算，应取0.9。

γ_{Q1}、γ_{Qi}——第1个、第i个可变荷载的分项系数，一般情况下应取1.4；对于标准值大于4kN/m^{2}的工业房屋楼面结构的活荷载应取1.3。

S_{GK}——按永久荷载标准值G_K计算的荷载效应值，且$S_{GK}=C_GG_K$，其中C_G、G_K分别为永久荷载的荷载效应系数和标准值。

S_{Q1k}、S_{Qik}——第1个可变荷载标准值Q_{1k}和第i个可变荷载标准值Q_{ik}计算的荷载效应值，并且$S_{Q1k}=C_{Q1}Q_{1k}$，$S_{Qik}=C_{Qi}Q_{ik}$。其中C_{Q1}、C_{Qi}分别为第1个可变荷载和第i

个可变荷载的荷载效应系数，Q_{1k}、Q_{ik}分别为第1个可变荷载和第i个可变荷载的标准值。第1个可变荷载标准值产生的效应应大于其他任何第i个可变荷载标准值产生的效应；

Ψ_{ci}——可变荷载的组合值系数，根据可变荷载的种类按《建筑结构荷载规范》（GB 50009-2012）的规定执行。

在有些情况下，要正确地选出引起最大荷载效应S_{Qik}的那个活荷载Q并不容易，这时，可依次设各可变荷载为S_{Q1k}，代入式（1-16）中，然后选其中最不利的荷载效应组合。

对式（1-17），当考虑竖向的永久荷载效应控制的组合时，参与组合的可变荷载可仅限于竖向荷载，不考虑水平荷载。对于排架、框架结构，基本组合可以采用简化式计算，从组合值中取最不利值确定。

在进行工程结构设计时，首先需要确定工程结构荷载等作用的大小。任何荷载在实际情况中都具有明显的随机性或变异性，在设计时为了便于取值，通常考虑荷载的统计特征赋予一个规定的量值，这种在设计表达式中直接采用的荷载值称为荷载代表值。根据《建筑结构可靠度设计统一标准》（GB 50068-2018）等国家标准的规定，工程结构设计时采用的荷载代表值分为四类：标准值、组合值、频遇值和准永久值，其中荷载标准值是荷载的基本代表值，是结构设计的主要参数，其他代表值都可在标准值基础上乘以相应系数得到。

（三）荷载标准值

荷载标准值是设计基准期内在工程结构上可能出现的最大荷载值。由于荷载本身的随机性，这一最大荷载值是随机变量，因此，荷载标准值原则上应由设计基准期荷载最大值概率分布的某一分位数来确定。

（四）荷载组合值

当工程结构上作用有两种或两种以上的可变荷载时，它们同时达到最大值（即以标准值作用于结构）的概率极小，故当采用各种荷载标准值进行荷载组合时，应对某些可变荷载的标准值进行折减。荷载组合值就是在进行结构设计时，确定的考虑这种组合折减后的荷载代表值，它主要用于结构承载能力极限状态下的基本组合中，可由标准值乘以组合值系数得到。

（五）荷载频遇值

荷载频遇值是作用期限较短的可变荷载代表值，它是指在结构上较频繁出现且量值较大的可变荷载值。荷载频遇值主要用于结构正常使用极限状态下的频遇值组合中，可由标准值乘以频遇值系数得到。

（六）荷载准永久值

荷载准永久值是作用期限较长的可变荷载代表值，它是指在结构上作用持续时间较长、荷载大小变化不大、荷载位置比较固定的可变荷载值。它对结构的影响犹如永久荷载。荷载准永久值主要用于结构正常使用极限状态下的准永久值组合中，可由标准值乘以准永久值系数得到。

由上可见，对于永久荷载，采用标准值作为其荷载代表值；对于可变荷载，则采用组合值、频遇值、准永久值作为其荷载代表值；对于地震等偶然荷载，一般根据观察资料、试验数据等确定其荷载代表值。

三、建筑结构荷载设计要点

在我国建筑业高速发展背景下，建筑工程的施工规模不断扩大，建筑结构高度、面积不断增大。现代建筑结构越来越复杂，建筑物的结构设计存在较大差异，导致建筑物各自的荷载值存在较大差异。大规模建筑物承受更大的荷载作用力，对建筑结构的稳固、承载性能提出了更高的要求。在建筑工程结构设计中，为了获取最理想的建筑结构，保障建筑结构的稳定性和安全性，需要提高对建筑结构的荷载设计的重视程度。

（一）荷载取值计算

建筑结构荷载设计要结合工程实际情况，准确计算各项结构荷载值，保证建筑结构荷载设计方案合理可行，不会对建筑结构功能的正常使用造成影响。荷载值计算环节，设计人员既需要综合分析各项施工因素与已知工程信息，同时还要掌握以下取值计算要点，并有针对性构建荷载分析处理模式，具体如下。

（1）活荷载取值。活荷载主要指随着时间推移量值不断变化的荷载值，不同时间节点下的建筑结构活荷载量值存在不确定性、不可预知性。但是，设计人员可以通过综合分析建筑使用功能、实际用途等因素，评估活荷载量值的大体变化范围，为后续建筑结构荷载设计方案的制订提供数据参考。为实现这一目的，设计人员可选择构建随机过程荷载分析处理模型，全面掌握建筑结构功能、室内设备与装潢陈设情况，评估恒荷载、活荷载的组合情况，从而确定活荷载量值变化范围，完成活荷载取值工作。

（2）恒荷载取值。建筑结构所承受恒荷载主要为建筑结构、构件自重量。因此，设计人员需要持续采集相关工程信息，深入分析结构设计方案，准确计算各处结构部位与构件的自重量，在其基础上即可获取恒荷载取值。同时，可选择将恒荷载拆分为线荷载与面荷载，以此降低荷载取值难度。以楼板荷载为例，恒荷载的具体计算方式为，将楼板构件的厚度与单位体积板重量值相乘，即可获取楼板构件的自重量。同时，将面板厚度与单位体积重量相乘，其结果为面层材料自重量。而在计算梁体、墙体等特殊构件时，由于这类构件发挥着建筑承重作用，需要考虑构件所承受压力，将计算方式设定为构件短边长度与板单位面积自重相乘。

（3）极限状态荷载取值。在建筑结构使用过程中，有一定概率会承受偶然荷载，并对建筑结构造成影响。因此，设计人员需要根据已知工程信息，准确评估各类偶然荷载的出现率，以及对建筑结构造成的具体影响。随后，在评估结果基础上对荷载设计方案进行调整补充，如确定折减标准值。此外，还需要开展极限状态下的建筑结构荷载设计工作。例如，重点对构件抗裂度、结构变形量进行验算，考虑建筑结构在无承载力情况下所承受的损失程度，仅采取荷载标准值，无须考虑分项系数与结构重要性。在建筑结构或构件出现裂缝、变形等质量问题时，设计人员需要对裂缝宽度与变形量进行验算，在验算结果基础上合理设置建筑结构永久荷载组合。

（二）掌握荷载效应特性

在建筑结构施工、使用期间，受到荷载力的影响，局部构件有可能产生内力，引发结构位移等问题的出现，这被称为荷载效应。因此，设计人员需要掌握荷载效应特性与线性关系。例如，导入截面弯矩公式，以此掌握支梁构件的所承受荷载特性。目前来看，恒荷载密度主要保持正态分布情况，其他荷载则保持极值分布情况。

（三）消防车道荷载设计

在这一环节，需要重点开展消防车道板面活荷载计算工作。需要根据楼的类型来准确计算折减前后基准活荷载、楼板实取活荷载、单双向板的主梁与柱体实取活荷载等数值，根据车道的板跨所占比重加以折算。例如，在覆土厚度为1.2m、单向板跨为2m时，可将楼板实取活荷载值设定为28，将单向板主梁活荷载取值设定为17。此外，还需要根据工程实际情况，有针对性地构建消防车道活荷载模型。

第二章　建筑结构分类与体系

第一节　建筑的构成及建筑物的分类

一、建筑的构成要素

建筑的构成要素主要包括建筑功能、物质技术条件、建筑形象。

（一）建筑功能

建筑功能是人们建造房屋的目的和使用要求的综合体现。它在建筑中起决定性的作用，对建筑平面布局组合、结构形式、建筑体型等方面都有极大的影响。人们建筑房屋不仅要满足生产、生活、居住等要求，也要适应社会的需求。各类房屋的建筑功能并不是一成不变的，随着科学技术的发展、经济的繁荣，以及物质和文化生活水平的提高，人们对建筑功能的要求也将日益提高。

（二）物质技术条件

物质技术条件是实现建筑的手段，包括建筑材料、结构与构造、设备、施工技术等有关方面的内容。建筑水平的提高离不开物质技术条件的发展，而物质技术条件的发展又与社会生产力水平的提高、科学技术的进步有关。建筑技术的进步、建筑设备的完善、新材料的出现、新结构体系的不断产生，有效地促进了建筑朝着大空间、大高度、新结构形式的方向发展。

（三）建筑形象

建筑形象是建筑内、外感观的具体体现，因此，必须符合美学的一般规律。它包含建筑形体、空间、线条、色彩、材料质感、细部的处理及装修等方面。由于时代、民族、地域文化、风土人情的不同，人们对建筑形象的理解各不相同，因而出现了不同风格且具有不同使用要求的建筑，如庄严雄伟的执法机构建筑、古朴大方的学校建筑、简洁明快的居住建筑等。成功的建筑应当反映时代特征、民族特点、地方特色和文化色彩，应有一定的文化底蕴，并与周围的建筑和环境有机融合与协调。

建筑的构成三要素是密不可分的，建筑功能是建筑的目的，居于首要地位；物质技术条件是建筑的物质基础，是实现建筑功能的手段；建筑形象是建筑的结果。它们相互制约、相互依存，彼此之间是辩证统一的关系。

二、建筑物的分类

人们兴建的供人们生活、学习、工作及从事生产和各种文化活动的房屋或场所称为建筑物，如水池、水塔、支架、烟囱等。间接为人们生产生活提供服务的设施则称为构筑物。建筑物可从多方面进行分类，常见的分类方法有以下几种。

（一）按照使用性质分类

建筑物的使用性质又称为功能要求，建筑物按功能要求可分为民用建筑、工业建筑、农业建筑三类。

1.民用建筑

民用建筑是指供人们工作、学习、生活等的建筑，一般分为以下两种：

居住建筑，如住宅、学校宿舍、别墅、公寓、招待所等。

公共建筑，如办公、行政、文教、商业、医疗、邮电、展览、交通、广播、园林、纪念性建筑等。有些大型公共建筑内部功能比较复杂，可能同时具备上述两个或两个以上的功能，一般把这类建筑称为综合性建筑。

2.工业建筑

工业建筑是指各类生产用房和生产服务的附属用房，可分为以下三种：

单层工业厂房，主要用于重工业类的生产企业。

多层工业厂房，主要用于轻工业类的生产企业。

层次混合的工业厂房，主要用于化工类的生产企业。

3.农业建筑

农业建筑是指供人们进行农牧业种植、养殖、贮存等的建筑，如温室、禽舍、仓库、农副产品加工厂、种子库等。

（二）按照层数或高度分类

建筑物按照层数或高度，可以分为单层、多层、高层、超高层。建筑高度不大于27.0m的住宅建筑，建筑高度不大于24.0m的公共建筑及建筑高度大于24.0m的单层公共建筑为低层或多层民用建筑；建筑高度大于27.0m的住宅建筑和建筑高度大于24.0m的非单层公共建筑，且高度不大于100.0m的，为高层民用建筑；建筑高度大于100.0m的为超高层建筑。

（三）按照建筑结构形式分类

建筑物按照建筑结构形式，可以分成墙承重、骨架承重、内骨架承重、空间结构承重四类。随着建筑结构理论的发展和新材料、新机械的不断涌现，建筑结构形式也在不断地推陈出新。

1.墙承重

由墙体承受建筑的全部荷载，墙体担负着承重、围护和分隔的多重任务，这种承重体系适用于内部空间、建筑高度均较小的建筑。

2.骨架承重

由钢筋混凝土或型钢组成的梁柱体系，承受建筑的全部荷载，墙体只起到围护和分隔的作用，这种承重体系适用于跨度大、荷载大的高层建筑。

3.内骨架承重

建筑内部由梁柱体系承重，四周用外墙承重，这种承重体系适用于局部设有较大空间的建筑。

4.空间结构承重

由钢筋混凝土或钢组成的空间结构，承受建筑的全部荷载，如网架结构、悬索结构、壳体结构等，这种承重体系适用于大空间建筑。

（四）按照承重结构的材料类型分类

从广义上说，结构是指建筑物及其相关组成部分的实体；从狭义上说，结构是指各个工程实体的承重骨架。应用在工程中的结构称为工程结构，如桥梁、堤坝、房屋结构等；局限于房屋建筑中采用的工程结构称为建筑结构。按照承重结构的材料类型，建筑物结构分为金属结构、混凝土结构、钢筋混凝土结构、木结构、砌体结构和组合结构等。

（五）按照施工方法分类

建筑物按照施工方法，可分为现浇整体式、预制装配式、装配整体式等。

1.现浇整体式

现浇整体式，是指主要承重构件均在施工现场浇筑而成。其优点是整体性好、抗震性能好；其缺点是现场施工的工作量大，需要大量的模板。

2.预制装配式

预制装配式，是指主要承重构件均在预制厂制作，在现场通过焊接拼装成整体。其优点是施工速度快、效率高；其缺点是整体性差、抗震能力弱，不宜在地震区采用。

3.装配整体式

装配整体式，是指一部分构件在现场浇筑而成（大多为竖向构件），另一部分构件在预制厂制作（大多为水平构件）。其特点是现场工作量比现浇整体式少，与预制装配式相比，可省去接头连接件，因此，兼有现浇整体式和预制装配式的优点，但节点区现场浇筑混凝土施工复杂。

（六）按照建筑规模和建造数量的差异分类

民用建筑还可以按照建筑规模和建造数量的差异进行分类。

1.大型性建筑

大型性建筑主要包括建造数量少、单体面积大、个性强的建筑，如机场候机楼、大型商场、旅馆等。

2.大量性建筑

大量性建筑主要包括建造数量多、相似性高的建筑，如住宅、宿舍、中小学教学楼、加油站等。

三、建筑的等级

建筑的等级包括设计使用等级、耐火等级、工程等级三个方面。

（一）建筑的设计使用等级

建筑物的设计使用年限主要根据建筑物的重要性和建筑物的质量标准确定，它是建筑投资、建筑设计和结构构件选材的重要依据。

1类建筑的设计使用年限为5年，适用于临时性建筑；2类建筑的设计使用年限为25年，适用于易于替换结构构件的建筑；3类建筑的设计使用年限为50年，适用于普通建筑和构筑物；4类建筑的设计使用年限为100年，适用于纪念性建筑和特别重要的建筑。

（二）建筑的耐火等级

建筑的耐火等级取决于建筑主要构件的耐火极限和燃烧性能。耐火极限是指对任一建筑构件按时间温度标准曲线进行耐火试验，构件从受到火的作用时起，到失去支持能力或完整性破坏或失去隔火作用时止的这段时间，以h为单位。

（三）建筑的工程等级

建筑按照其重要性、规模、使用要求的不同，可以分为特级、一级、二级、三级、四级、五级共六个级别。

1.特级

（1）工程主要特征

列为国家重点项目或以国际活动为主的特高级大型公共建筑；有全国性历史意义或技术要求特别复杂的中、小型公共建筑；30层以上的建筑；空间高大，有声、光等特殊要求的建筑物。

（2）工程范围举例

国宾馆、国家大会堂、国际会议中心、国际体育中心、国际贸易中心、国际大型航空港、国际综合俱乐部、重要历史纪念建筑、国家级图书馆、博物馆、美术馆、剧院、音乐厅、三级以上人防建筑。

2.一级

（1）工程主要特征

高级、大型公共建筑；有地区性历史意义或技术要求特别复杂的中、小型公共建筑；16层以上29层以下或超过50m高的公共建筑。

（2）工程范围举例

高级宾馆、旅游宾馆、高级招待所、别墅、省级展览馆、博物馆、图书馆、科学实验研究楼（包括高等院校）、高级会堂、高级俱乐部、≥300张床位的医院、疗养院、医疗技术楼、大型门诊楼、大中型体育馆、室内游泳馆、大城市火车站、航运站、邮电通信楼、综合商业大楼、高级餐厅、四级人防建筑等。

3.二级

（1）工程主要特征

中高级、大型公共建筑，技术要求较高的中、小型建筑；16层以上29层以下的住宅。

（2）工程范围举例

大专院校教学楼、档案楼、礼堂、电影院、省部级机关办公楼、<300张床位的医院、疗养院、市级图书馆、文化馆、少年宫、中等城市火车站、邮电局、多层综合商场、高级小住宅等。

4.三级

（1）工程主要特征

中级、中型公共建筑，7层以上（包括7层）15层以下有电梯的住宅或框架结构的建筑。

（2）工程范围举例

重点中学教学楼、实验楼、电教楼、邮电所、门诊所、百货楼、托儿所、1层或2层商场、多层食堂、小型车站等。

5.四级

（1）工程主要特征

一般中、小型公共建筑，7层以下无电梯的住宅，宿舍及副体建筑。

（2）工程范围举例

一般办公楼、中小学教学楼、单层食堂、单层汽车库、消防站、杂货店、理发室、生鲜门市部等。

6.五级

1层或2层，一般小跨度建筑。

第二节　建筑结构的发展与分类

一、建筑历史及发展

（一）中国建筑史

中国建筑以长江、黄河一带为中心，受此地区影响，其建筑形式类似，所使用的材料、工法、营造氛围、空间、艺术表现与此地区相同或雷同的建筑，皆可统称为中国建筑。中国古代建筑的形成和发展具有悠久的历史。中国幅员辽阔，各处的气候、人文、地质等条件各不相同，形成了各具特色的建筑风格。其中，民居形式尤为丰富多彩，如南方的干栏式建筑、西北的窑洞建筑、游牧民族的毡包建筑、北方的四合院建筑等。中国建筑史主要分为中国古代建筑史及中国近现代建筑史。

1.中国古代建筑史

（1）原始时期的建筑

原始时期的建筑活动是中国建筑设计史的萌芽，为后来的建筑设计奠定了良好的基础，建筑制度逐渐形成。中国社会的奴隶制度自夏朝开始，经殷商、西周到春秋战国时期结束，直到封建制度萌芽，前后历经了1600余年。在严格的宗法制度下，统治者设计建造了规模相当大的宫殿和陵墓，和当时奴隶居住的简易建筑形成了鲜明的对比，反映出当时社会尖锐的阶级对立矛盾。

建筑材料的更新和瓦的发明是周朝在建筑上的突出成就，使古代建筑从“茅茨土阶”的简陋状态逐渐进入了比较高级的阶段，建筑夯筑技术日趋成熟。自夏朝开始的夯土构筑法在我国沿用了很长时间，直至宋朝才逐渐采用内部夯土、外部砌砖的方法构筑城墙，明朝中期以后才普遍使用砖砌法。

此外，原始时期人们设计建造了很多以高台宫室为中心的大、小城市，开始使用砖、瓦、彩画及斗拱梁枋等设计建造房屋，中国建筑的某些重要艺术特征已经初步形成，如方正规则的庭院，纵轴对称的布局，木梁架的结构体系，以及由屋顶、屋身、基座组成的单体造型。自此开始，传统的建筑结构体系及整体设计观念开始成形，对后世的城市规划、宫殿、坛庙、陵墓乃至民居产生了深远的影响。

（2）秦汉时期的建筑

秦汉时期400余年的建筑活动处于中国建筑设计史的发育阶段，秦汉建筑是在商周已初步形成的某些重要艺术特点的基础上发展而来的。秦汉建筑类型以都城、宫室、陵墓和祭祀建筑（礼制建筑）为主。都城规划形式由商周的规矩对称，经春秋战国向自由格局的骤变，又逐渐回归于规整，整体面貌呈高墙封闭式。宫殿、陵墓建筑主体为高大的团块状台榭式建筑，周边的重要单体多呈十字轴线对称组合，以门、回廊或较低矮的次要房屋衬托主体建筑的庄严、重要，使整体建筑群呈现主从有序、富于变化的院落式群体组合轮廓。从现存汉阙、壁画、画像砖中可以看出，秦汉建筑的尺度巨大，柱阑额、梁枋、屋檐都是直线，外观为直柱、水平阑额和屋檐，平坡屋顶已经出现了屋坡的折线“反字”（是指屋檐上的瓦头仰起，呈中间凹、四周高的形状），但还没有形成曲线或曲面的建筑外观，风格豪放朴拙、端庄严肃，建筑装饰色彩丰富，题材诡谲，造型夸张，呈现出质朴的气质。秦汉时期社会生产力的极大提高，促使制陶业的生产规模、烧造技术、数量和质量都超越了以往的任何时代，秦汉时期的建筑因而得以大量使用陶器，其中最具特色的就是画像砖和各种纹饰的瓦当，素有“秦砖汉瓦”之称。

（3）魏晋南北朝时期的建筑

魏晋南北朝时期是古代中国建筑设计史上的过渡与发展期。北方少数民族进入中原，中原士族南迁，形成了民族大迁徙、大融合的复杂局面。这一时期的宫殿建筑广泛融合了中外各民族、各地域的设计特点，建筑创作活动极为活跃。士族标榜旷达风流，文人退隐山林，崇尚自然清闲的生活，促使园林建筑中的土山、钓台、曲沼、飞梁、重阁等叠石造景技术得到了提高，江南建筑开始步入设计舞台。传入中国的印度和中亚地区的雕刻、绘画及装饰艺术对中国的建筑设计产生了显著而深远的影响，它使中国建筑的装饰设计形式更为丰富多样，广泛采用莲花、卷草纹和火焰纹等装饰纹样，促使魏晋南北朝时期的建筑从汉代的质朴醇厚逐渐转变为成熟圆浑。

（4）隋唐、五代十国时期的建筑

隋唐时期是古代中国建筑设计史上的成熟期。隋唐时期结束分裂、完成统一、政治安定、经济繁荣、国力强盛、与外来文化交往频繁，建筑设计体系更趋完善，在城市建设、木架建筑、砖石建筑、建筑装饰和施工管理等方面都有巨大发展，建筑设计艺术取得了空前的成就。

在建筑制度设计方面，汉代儒家倡导的以周礼为本的一套建筑制度，发展到隋唐时期已臻于完备，订立了专门的法规制度以控制建筑规模，建筑设计逐步定型并标准化，基本上为后世所遵循。

在建筑构件结构方面，隋唐时期木构件的标准化程度极高，斗拱等结构构件完善，木构架建筑设计体系成熟，并出现了专门负责设计和组织施工的专业建筑师，建筑规模空前巨大。现存的隋唐时期木构建筑的斗拱结构、柱式形象及梁枋加工等都充分展示了结构技术与艺术形象的完美统一。

在建筑形式及风格方面，隋唐时期的建筑设计非常强调整体的和谐，整体建筑群的设计手法更趋成熟，通过强调纵轴方向的陪衬手法，加强突出了主体建筑的空间组合，单体建筑造型浑厚质朴，细节设计柔和精美，内部空间组合变化适度，视觉感受雄浑大度。这种设计手法正是明清建筑布局形式的渊源。建筑类型以都城、宫殿、陵墓、园林为主，城市设计完全规整化且分区合理。园林建筑已出现皇家园林与私家园林的风格区分，皇家园林气势磅礴，私家园林幽远深邃，艺术意境极高。隋唐时期简洁明快的色调、舒展平远的屋顶、朴实无华的门窗无不给人以庄重大方的印象，这是宋、元、明、清建筑设计所没有的特色。

（5）宋、辽、金、西夏时期的建筑

宋朝是古代中国建筑设计史上的全盛期，辽承唐制，金随宋风，西夏别具一格，多种民族风格的建筑共存是这一时期的建筑设计特点。宋朝的建筑学、地学等都达到了很高的水平，如“虹桥”（飞桥）是无柱木梁拱桥（即垒梁拱），达到了我国古代木桥结构设计的最高水平；建筑制度更为完善，礼制有了更加严格的规定，并著作了专门书籍以严格规定建筑等级、结构做法及规范要领；建筑风格逐渐转型，宋朝建筑虽不再有唐朝建筑的雄浑阳刚之气，却创造出了一种符合自己时代气质的阴柔之美；建筑形式更加多样，流行仿木构建筑形式的砖石塔和墓葬，设计了各种形式的殿阁楼台、寺塔和墓室建筑，宫殿规模虽然远小于隋唐，但序列组合更为丰富细腻，祭祀建筑布局严整细致，佛教建筑略显衰退，都城设计仍然规整方正，私家园林和皇家园林建筑设计活动更加活跃，并显示出细腻的倾向，官式建筑完全定型，结构简化而装饰性强；建筑技术及施工管理等取得了进步，出现了《木经》《营造法式》等关于建筑营造总结性的专门书籍；建筑细部与色彩装饰设计受宠，普遍采用彩绘、雕刻及琉璃砖瓦等装饰建筑，统治阶级追求豪华绚丽，宫殿建筑大量使用黄琉璃瓦和红宫墙，创造出一种金碧辉煌的艺术效果，市民阶层的兴起使普遍的审美趣味更趋近日常生活，这些建筑设计活动对后世产生了极为深远的影响。辽、金的建筑以汉唐以来逐步发展的中原木构体系为基础，广泛吸收其他民族的建筑设计手法，不断改进完善，逐步完成了上承唐朝、下启元朝的历史过渡。

（6）元、明、清时期的建筑

元、明、清时期是古代中国建筑设计史上的顶峰，是中国传统建筑设计艺术的充实与总结阶段，中外建筑设计文化的交流融合得到了进一步的加强，在建材装修、园林设计、建筑群体组合、空间氛围的设计上都取得了显著成就。元、明、清时期的建筑呈现出规模宏大、形体简练、细节繁复的设计形象。元朝建筑以大都为中心，其材料、结构、布局、装饰形式等基本沿袭唐、宋以来的传统设计形制，部分地方继承辽、金的建筑特点，开创了明、清北京建筑的原始规模。因此，在建筑设计史上普遍将元、明、清作为一个时期进行探讨。这一时期的建筑趋向程式化和装饰化，建筑的地方特色和多种民族风格在这个时期得到了充分的发展，建筑遗址留存至今，成为今天城市建筑的重要构成，对当代中国的城市生活和建筑设计活动产生了深远的影响。

元、明、清时期建筑设计的最大成就表现在园林设计领域，明朝的江南私家园林和清朝的北方皇家园林都是最具设计艺术性的古代建筑群。中国历代都建有大量宫殿，但只有明、清时期的宫殿——北京故宫、沈阳故宫得以保存至今，成为中华文化的无价之宝。

元、明、清时期的单体建筑形式逐渐精炼化，设计符号性增强，不再采用生起、侧脚、卷杀，斗拱比例缩小，出檐深度减小，柱细长，梁枋沉重，屋顶的柔和线条消失，不同于唐、宋建筑的浪漫柔和，这一时期的建筑呈现出稳重严谨的设计风格。建筑组群采用院落重叠纵向扩展的设计形式，与左、右横向扩展配合，通过不同封闭空间的变化突出主体建筑。

2.中国近现代建筑

19世纪末至20世纪初是近代中国建筑设计的转型时期，也是中国建筑设计发展史上一个承上启下、中西交汇、新旧接替的过渡时期，既有新城区、新建筑的急速转型，又有旧乡土建筑的矜持保守；既交织着中、西建筑设计文化的碰撞，也经历了近、现代建筑的历史承接，有着错综复杂的时空关联。半封建半殖民地的社会性质决定了清末民国时期对待外来文化采取包容与吸收的建筑设计态度，使部分建筑出现了中西合璧的设计形象，园林里也常有西洋门面、西洋栏杆、西式纹样等。这一时期成为我国建筑设计演进过程的一个重要阶段。其发展历程经历了产生、转型、鼎盛、停滞、恢复五个阶段，主要建筑风格有折中主义、古典主义、近代中国宫殿式、新民族形式、现代派及中国传统民族形式六种，从中可以看出晚清民国时期的建筑设计经历了由照搬照抄到西学中用的发展过程，其构件结构与风格形式既体现了近代以来西方建筑风格对中国的影响，又保持了中华民族传统的建筑特色。

中西方建筑设计技术、风格的融合，在南京的民国建筑中表现最为明显，它全面展现了中国传统建筑向现代建筑的演变，在中国建筑设计发展史上具有重要的意义。时至今日，南京的大部分民国建筑依然保存完好，构成了南京有别于其他城市的独特风貌，南京也因此被形象地称为“民国建筑的大本营”。另外，由外国输入的建筑及散布于城乡的教会建筑发展而来的居住建筑、公共建筑、工业建筑的主要类型已大体齐备，相关建筑工业体系也已初步建立。大量早期留洋学习建筑的中国学生回国后，带来了西方现代建筑思想，创办了中国最早的建筑事务所及建筑教育机构。刚刚登上设计舞台的中国建筑师，一方面探索着西方建筑与中国建筑固有形式的结合，并试图在中、西建筑文化的有效碰撞中寻找适宜的融合点；另一方面又面临着走向现代主义的时代挑战，这些都要求中国建筑师能够紧跟先进的建筑潮流。

1949年中华人民共和国成立后，外国资本主义经济的在华势力消亡，逐渐形成了社会主义国有经济，大规模的国民经济建设推动了建筑业的蓬勃发展，我国建筑设计进入了新的历史时期。我国现代建筑在数量上、规模上、类型上、地区分布上、现代化水平上都突破了近代的局限，展示出崭新的姿态。时至今日，中国传统式与西方现代式两种设计思潮的碰撞与交融在中国建筑设计的发展进程中仍在延续，将民族风格和现代元素相结合的设计作品也越来越多，有复兴传统式的建筑，即保持传统与地方建筑的基本构筑形式，并加以简化处理，突出其文化特色与形式特征；有发展传统式的建筑，其设计手法更加讲究传统或地方的符号性和象征性，在结构形式上不一定遵循传统方式；也有扩展传统式的建筑，就是将传统形式从功能上扩展为现代用途，如我国建筑师吴良镛设计的北京菊儿胡同住宅群，就是结合了北京传统四合院的构造特征，并进行重叠、反复、延伸处理，使其功能和内容更符合现代生活的需要；还有重新诠释传统的建筑，它是指仅将传统符号或色彩作为标志以强调建筑的文脉，类似于后现代主义的某些设计手法。总而言之，我国的建筑设计曾经的灿烂辉煌，或许在将来的某一天能够重新焕发光彩，成为世界建筑设计思潮的另一种选择。

（二）外国建筑史

1.外国古代建筑

（1）古埃及建筑

古埃及是世界上最古老的国家之一，古埃及的领土包括上埃及和下埃及两部分。上埃及位于尼罗河中游的峡谷，下埃及位于河口三角洲。大约在公元前3000年，古埃及成为统一的奴隶制帝国，形成了中央集权的皇帝专制制度，出现了强大的祭司阶层，也产生了人类第一批以宫殿、陵墓为主体的巨大的纪念性建筑物。按照古埃及的历史分期，其代表性建筑可分为古王国时期、中工国时期及新王国时期建筑类型。

古王国时期的主要劳动力是氏族公社成员，庞大的金字塔就是他们建造的。这一时期的纪念性建筑物是单纯而开阔的。

中王国时期，在山岩上开凿石窟陵墓的建筑形式开始盛行，陵墓建筑采用梁柱结构，构成比较宽敞的内部空间，以建于公元前2000年前后的曼都赫特普三世陵墓为典型代表，开创了陵墓建筑群设计的新形式。

新王国时期是古埃及建筑发展的鼎盛时期，这时已不再建造巍然屹立的金字塔陵墓，而是将荒山作为天然金字塔，沿着山坡的侧面开凿地道，修建豪华的地下陵寝，其中以拉美西斯二世陵墓和图坦卡蒙陵墓最为奢华。

（2）两河流域及波斯帝国建筑

两河流域地处亚非欧三大洲的交汇处，位于底格里斯河和幼发拉底河中下游，通常被称为西亚美索不达米亚平原（希腊语意为“两河之间的土地”，今伊拉克地区），是古代人类文明的重要发源地之一。公元前3500年至公元前4世纪，在这里曾经建立过许多国家，依次建立的奴隶制国家为古巴比伦王国（公元前19世纪～前16世纪）、亚述帝国（公元前8世纪～前7世纪）、新巴比伦王国（公元前626年～前539年）和波斯帝国（公元前6世纪～前4世纪）。两河流域的建筑成就在于创造了将基本原料用于建筑的结构体系和装饰方法。两河流域气候炎热多雨，盛产黏土，缺乏木材和石材，故人们从夯土墙开始，发展出土坯砖、烧砖的筑墙技术，并以沥青、陶钉石板贴面及琉璃砖保护墙面，使材料、结构、构造与造型有机结合，创造了以土作为基本材料的结构体系和墙体饰面装饰办法，对后来的拜占庭建筑和伊斯兰建筑影响很大。

（3）爱琴文明时期的建筑

爱琴文明是公元前20世纪～前12世纪存在于地中海东部的爱琴海岛、希腊半岛及小亚细亚西部的欧洲史前文明的总称，也曾被称为迈锡尼文明。爱琴文明发祥于克里特岛，是古希腊文明的开端，也是西方文明的源头。其宫室建筑及绘画艺术十分发达，是世界古代文明的一个重要代表。

（4）古希腊建筑

古希腊建筑经历了三个主要发展时期：公元前8世纪～前6世纪，纪念性建筑形成的古风时期；公元前5世纪，纪念性建筑成熟、古希腊本土建筑繁荣昌盛的古典时期；公元前4世纪～前1世纪，古希腊文化广泛传播到西亚北非地区并与当地传统相融合的希腊化时期。

古希腊建筑除屋架外全部使用石材设计建造，柱子、额枋、檐部的设计手法基本确定了古希腊建筑的外貌，通过长期的推敲改进，古希腊人设计了一整套做法，定型了多立克、爱奥尼克、科林斯三种主要柱式。

古希腊建筑是人类建筑设计发展史上的伟大成就之一，给人类留下了不朽的艺术经典。古希腊建筑通过自身的尺度感、体量感、材料质感、造型色彩及建筑自身所承载的绘画和雕刻艺术给人以巨大强烈的震撼，其梁柱结构、建筑构件特定的组合方式及艺术修饰手法等设计语汇极其深远地影响着后人的建筑设计风格，几乎贯穿整个欧洲2000年的建筑设计，无论是文艺复兴时期、巴洛克时期、洛可可时期，还是集体主义时期，都可见到古希腊设计语汇的再现。因此，可以说古希腊是西方建筑设计的开拓者。

（5）古罗马建筑

古罗马文明通常是指从公元前9世纪初在意大利半岛中部兴起的文明。古罗马文明在自身的传统上广泛吸收东方文明与古希腊文明的精华。

古罗马建筑除使用砖、木、石外，还使用了强度高、施工方便、价格低的火山灰混凝土，以满足建筑拱券的需求，并发明了相应的支模、混凝土浇灌及大理石饰面技术。古罗马建筑为满足各种复杂的功能要求，设计了筒拱、交叉拱、十字拱、穹窿（半球形）及拱券平衡技术等一整套复杂的结构体系。

2.欧洲中世纪的建筑

（1）拜占庭建筑

在建筑设计的发展阶段方面，拜占庭大量保留和继承了古希腊、古罗马及波斯、两河流域的建筑艺术成就，并且具有强烈的文化世俗性。拜占庭建筑为砖石结构，局部加以混凝土，从建筑元素来看，拜占庭建筑包含了古代西亚的砖石券顶、古希腊的古典柱式和古罗马建筑规模宏大的尺度，以及巴西利卡的建筑形式，并发展了古罗马的穹顶结构和集中式形式，设计了4个或更多独立柱支撑的穹顶、帆拱、鼓座相结合的结构方法和穹顶统率下的集中式建筑形制。

（2）罗马式建筑

公元9世纪，西欧正式进入封建社会，这时的建筑形式继承了古罗马的半圆形拱券结构，采用传统的十字拱及简化的古典柱式和细部装饰，以拱顶取代了木屋顶，创造了扶壁、肋骨拱与束柱结构。

罗马式建筑最突出的特点是创造了一种新的结构体系，即将原来的梁柱结构体系、拱券结构体系变成了由束柱、肋骨拱、扶壁组成的框架结构体系。框架结构的实质是将承力结构和围护材料分开，承力结构组成一个有机的整体，使围护材料制作得很轻很薄。

（3）哥特式建筑

哥特式建筑的特点是拥有高耸尖塔、尖形拱门、大窗户及绘有故事的花窗玻璃；在设计中利用尖肋拱顶、飞扶壁、修长的束柱，营造出轻盈修长的飞天感；使用新的框架结构以增加支撑顶部的力量，使整个建筑拥有直升线条，雄伟的外观，再结合镶着彩色玻璃的长窗，使建筑内产生一种浓厚的严肃气氛。

3.欧洲15世纪～18世纪的建筑

（1）文艺复兴时期的建筑

意大利文艺复兴时期的建筑文艺复兴运动源于14世纪～15世纪，随着生产技术和自然科学的重大进步，以意大利为中心的思想文化领域兴起了反封建等的运动。佛罗伦萨、热那亚、威尼斯三个城市成为意大利乃至整个欧洲文艺复兴的发源地和发展中心。15世纪，人文主义思想在意大利得到了蓬勃发展，人们开始狂热地学习古典文化，随之打破了封建教会的长期垄断局面，为新兴的资本主义制度开辟了道路。16世纪是意大利文艺复兴的高度繁荣时期，出现了达·芬奇、米开朗琪罗和拉斐尔等伟大的艺术家。历史上将文艺复兴的年代广泛界定为15世纪～18世纪长达400余年的这段时期，文艺复兴运动真正奠定了“建筑师”这个名词的意义，这为当时的社会思潮融入建筑设计领域找到了一个切入点。如果说文艺复兴以前的建筑和文化的联系多处于一种半自然的自发行为，那么，文艺复兴以后的建筑设计和人文思想的紧密结合就肯定是一种非偶然的人为行为，这种对建筑的理解一直影响着后世的各种流派。

（2）法国古典主义建筑

法国古典主义是指17世纪流行于西欧、特别是法国的一种文学思潮，因为它在文艺理论和创作实践上以古希腊、古罗马为典范，被称为“古典主义”。16世纪，在意大利文艺复兴建筑的影响下形成了法国文艺复兴建筑。自此开始，法国建筑的设计风格由哥特式向文艺复兴式过渡。这一时期的建筑设计风格往往将文艺复兴建筑的细部装饰手法融合在哥特式的宫殿、府邸和市民住宅建筑设计中。17世纪～18世纪上半叶，古典主义建筑设计思潮在欧洲占据统治地位，其广义上是指意大利文艺复兴建筑、巴洛克建筑和洛可可建筑等采用古典形式的建筑设计风格；狭义上则指运用纯正的古典柱式的建筑，即17世纪法国专制君权时期的建筑设计风格。

（3）欧洲其他国家的建筑

16世纪～18世纪，意大利文艺复兴建筑风靡欧洲，遍及英国、德国、西班牙及北欧各国，并与当地的固有建筑设计风格逐渐融合。

4.欧美资产阶级革命时期的建筑

18世纪～19世纪的欧洲历史是工业文明化的历史，也是现代文明化的历史，或者叫作现代化的历史。18世纪，欧洲各国的君主集权制度大都处于全盛时期，逐渐开始与中国、印度和土耳其进行小规模的通商贸易，并持续在东南亚与大洋洲建立殖民地。在启蒙运动的感染下，新的文化思潮与科学成果逐渐渗入社会生活的各个层面，民主思潮在欧美各国迅速传播开来。19世纪，工业革命为欧美各国带来了经济技术与科学文化的飞速发展，直接推动了西欧和北美国家的现代工业化进程。这一时期建筑设计艺术主要体现为：18世纪流行的古典主义逐渐被新古典主义与浪漫主义取代，后又向折中主义发展，为后来欧美建筑设计的多元化发展奠定了基础。

（1）新古典主义

18世纪60年代至19世纪，新古典主义建筑设计风格在欧美一些国家普遍流行。新古典主义也称为古典复兴，是一个独立设计流派的名称，也是文艺复兴运动在建筑界的反映和延续。新古典主义一方面源于对巴洛克和洛可可的艺术反动，另一方面以重振古希腊和古罗马艺术为信念，在保留古典主义端庄、典雅的设计风格的基础上，运用多种新型材料和工艺对传统作品进行改良简化，以形成新型的古典复兴式设计风格。

（2）浪漫主义

18世纪下半叶～19世纪末期，在文学艺术浪漫主义思潮的影响下，欧美一些国家开始流行一种被称为浪漫主义的建筑设计风格。浪漫主义思潮在建筑设计上表现为强调个性，提倡自然主义，主张运用中世纪的设计风格对抗学院派的古典主义，追求超凡脱俗的趣味和异国情调。

（3）折中主义

折中主义是19世纪上半叶兴起的一种创作思潮。折中主义的设计风格是任意选择与模仿历史上的各种风格，并组合成各种样式，又称为“集仿主义”。折中主义建筑并没有固定的风格，它结构复杂，但讲究比例权衡的推敲，常沉醉于对“纯形式”美的追求。

5.欧美近现代建筑（20世纪以来）

19世纪末20世纪初，以西欧国家为首的欧美社会出现了一场以反传统为主要特征的广泛突变的文化革新运动，这场狂热的革新浪潮席卷了文化与艺术的方方面面。其中，哲学、美术、雕塑和机器美学等方面的变迁对建筑设计的发展产生了深远的影响。20世纪是欧美各国进行新建筑探索的时期，也是现代建筑设计的形成与发展时期，社会文化的剧烈变迁为建筑设计的全面革新创造了条件。

20世纪60年代以来，由于生产的急速发展和生活水平的提高，人们的认识日益受到机械化大批量与程式化生产的冲击，社会整体文化逐渐趋向于标榜个性与自我回归意识，一场所谓的“后现代主义”社会思潮在欧美社会文化与艺术领域产生并蔓延。美国建筑师文丘里认为“创新可能就意味着从旧的东西中挑挑拣拣”“赞成二元论”“容许违反前提的推理”，文丘里设计的建筑总会以一种和谐的方式与当地环境相得益彰。美国建筑师罗伯特·斯特恩则明确提出后现代主义建筑采用装饰、具有象征性与隐喻性、与现有整体环境融合的三个设计特征。在后现代主义的建筑中，建筑师拼凑、混合、折中了各种不同形式和风格的设计元素，因此，出现了所谓的新理性派、新乡土派、高技派、粗野主义、解构主义、极少主义、生态主义和波普主义等众多设计风格。

二、建筑结构的历史与发展

（一）建筑结构的历史

我国应用最早的建筑结构是砖石结构和木结构。由李春于595～605年（隋代）建造的河北赵县安济桥是世界上最早的空腹式单孔圆弧石拱桥。该桥净跨为37.37m，拱高为7.2m，宽为9m；外形美观，受力合理，建造水平较高。我国也是采用钢铁结构最早的国家。公元60年前后（汉明帝时期）已使用铁索建桥（比欧洲早70多年）。我国用铁造房的历史也比较悠久，例如，现存的湖北荆州玉泉寺的13层铁塔建于宋代，已有1000多年的历史。

随着经济的发展，我国的建设事业蓬勃发展，已建成的高层建筑有数万幢，其中超过150m的有200多幢。我国香港特别行政区的中环大厦建成于1992年，共73层，高301m，是当时世界上最高的钢筋混凝土结构建筑。

（二）建筑结构的发展概况

经历了漫长的发展过程，建筑结构在各个方面都取得了较大的进步。在建筑结构设计理论方面，随着研究的不断深入以及统计资料的不断累积，原来简单的近似计算方法已发展成为以统计数学为基础的结构可靠度理论。这种理论目前为止已逐步应用到工程结构设计、施工与使用的全过程中，以保证结构的安全性，使极限设计方法向着更加完善、更加科学的方向发展。经过不断充实提高，一个

新的分支学科 ——“近代钢筋混凝土力学”正在逐步形成，它将计算机、有限元理论和现代测试技术应用到钢筋混凝土理论与试验研究中，使建筑结构的计算理论和设计方法更加完善，并且向着更高的阶段发展。在建筑材料方面，新型结构材料不断涌现，如混凝土，由原来的抗压强度低于20N/mm^{2}的低强度混凝土发展到抗压强度为20～50N/mm^{2}的中等强度混凝土和抗压强度在50N/mm^{2}以上的高强度混凝土。

轻质混凝土主要是采用轻质集料。轻质集料主要有天然轻集料（如浮石、凝灰石等）、人造轻集料（页岩陶粒、膨胀珍珠岩等）及工业废料（炉渣、矿渣、粉煤灰、陶粒等）。轻质混凝土的强度目前只能达到5～20N/mm^2，开发高强度的轻质混凝土是今后的研究方向。随着混凝土的发展，为改善其抗拉性、延性，通常在混凝土中掺入纤维，如钢纤维、耐碱玻璃纤维、聚丙烯纤维或尼龙合成纤维等。除此之外，许多特种混凝土如膨胀混凝土、聚合物混凝土、浸渍混凝土等也在研制、应用之中。

在结构方面，空间结构、悬系结构、网壳结构成为大跨度结构发展的方向，空间钢网架的最大跨度已超过100m。例如，澳大利亚悉尼市为主办2000年奥运会而兴建的一系列体育场馆中，国际水上运动中心与用作球类比赛的展览馆都采用了材料各异的网壳结构。组合结构也是结构发展的方向，目前钢管混凝土、压型钢板叠合梁等组合结构已被广泛应用，在超高层建筑结构中还采用钢框架与内核心筒共同受力的组合体系，以充分利用材料优势。

在施工工艺方面近年来也有很大的发展，工业厂房及多层住宅正在向工业化方向发展，而建筑构件的定型化、标准化又大大加快了建筑结构工业化进程。如我国北京、南京、广州等地较多采用的装配式大板建筑，加快了施工进度及施工机械化程度。在高层建筑中，施工方法也有了很大的改进，大模板、滑模等施工方法已得到广泛推广与应用，如深圳53层的国贸大厦采用滑升模板建筑；广东国际大厦63层，采用筒中筒结构和无黏结部分预应力混凝土平板楼盖，减小了自重，节约了材料，加快了施工速度。

综上所述，建筑结构是一门综合性较强的应用科学，其发展涉及数学、力学、材料及施工技术等科学。随着我国生产力水平的提高及结构材料研究的发展，计算理论的进一步提高以及施工技术、施工工艺的不断改进，必将推动建筑结构科学向更高的阶段发展。

三、建筑结构的分类

建筑结构是指建筑物中由若干个基本构件按照一定的组成规则，通过符合规定的连接方式所组成的能够承受并传递各种作用的空间受力体系，又称为骨架。建筑结构按承重结构所用材料的不同可分为混凝土结构、砌体结构、钢结构等；按结构的受力特点可分为砖混结构、框架结构、排架结构、剪力墙结构、筒体结构等。

（一）按材料的不同分类

1.混凝土结构

混凝土结构是指由混凝土和钢筋两种基本材料组成的一种能共同作用的结构材料。自从1824年发明了波特兰水泥，1850年出现了钢筋混凝土以来，混凝土结构已被广泛应用于工程建设中，如各类建筑工程、构筑物、桥梁、港口码头、水利工程、特种结构等领域。采用混凝土作为建筑结构材料，主要是因为混凝土的原材料（砂、石等）来源丰富，钢材用量较少，结构承载力和刚度大，防火性能好，价格低。钢筋混凝土技术于1903年传入我国，现在已成为我国发展高层建筑的主要材料。随着科学技术的进步，钢与混凝土组合结构也得到了很大发展，并已应用到超高层建筑中。其构造有型钢构件外包混凝土，简称刚性混凝土结构；还有钢管内填混凝土，简称钢管混凝土结构。

归纳起来，钢筋混凝土结构有以下优点：

易于就地取材。钢筋混凝土的主要材料是砂、石，两种材料来源比较普遍，有利于降低工程造价。

整体性能好。钢筋混凝土结构，特别是现浇结构具有很好的整体性，能抵御地震灾害，对于提高建筑物整个结构的刚度和稳定性有重要意义。

耐久性好。混凝土本身的特征之一是其强度不随时间的增长而降低。钢筋被混凝土紧紧包裹而不致锈蚀，即使处在侵蚀性介质条件下，也可采用特殊工艺制成耐腐蚀混凝土。因此，钢筋混凝土结构具有很好的耐久性。

可塑性好。混凝土拌和物是可塑的，可根据工程需要制成各种形状的构件，给合理选择结构形式及构件截面形式提供了方便。

耐火性好。在钢筋混凝土结构中，钢筋被混凝土包裹着，而混凝土的导热性很差，因此，发生火灾时钢筋不致很快达到软化温度而造成结构破坏。

刚度大，承载力较高。同时，钢筋混凝土结构也有一些缺点，如自重大，抗裂性能差，费工，费模板，隔声、隔热性能差，因此，必须采取相应的措施进行改进。

2.砌体结构

砌体结构是砖砌体、砌块砌体、石砌体建造的结构的统称，又称砖石结构。砌体结构是我国建造工程中最常用的结构形式，砌体结构中砖石砌体占95%以上，主要应用于多层住宅、办公楼等民用建筑的基础、内外墙身、门窗过梁、墙柱等构件（在抗震设防烈度为6度的地区，烧结普通砖砌体住宅可建成8层），跨度小于24m且高度较小的俱乐部、食堂及跨度在15m以下的中、小型工业厂房，60m以下的烟囱、料仓、地沟、管道支架和小型水池等。

砌体结构具有以下优点：

取材方便，价格低廉。砌体结构所需的原材料如黏土、砂子、天然石材等几乎到处都有，来源广泛且经济实惠。砌块砌体还可节约土地，使建筑向绿色建筑、环保建筑方向发展。

具有良好的保温、隔热、隔声性能，节能效果好。

可以节省水泥、钢材和木材，不需要模板。

具有良好的耐火性及耐久性。一般情况下，砌体能耐受400℃的高温。砌体耐腐蚀性能良好，完全能满足预期的耐久年限要求。

施工简单，技术容易掌握和普及，也不需要特殊的设备。

砌体结构的缺点：自重大、砌筑工程繁重、砌块和砂浆之间的黏结力较弱、烧结普通砖砌体的黏土用量大。

3.钢结构

钢结构是指建筑物的主要承重构件全部由钢板或型钢制成的结构。由于钢结构具有承载能力高、质量较轻、钢材材质均匀、塑性和韧性好、制造与施工方便、工业化程度高、拆迁方便等优点，所以，它的应用范围相当广泛。目前，钢结构多用于工业与民用建筑中的大跨度结构、高层和超高层建筑、重工业厂房、受动力荷载作用的厂房、高耸结构及一些构筑物等。

钢结构的优点如下：

强度高、自重轻、塑性和韧性好、材质均匀。强度高，可以减小构件截面，减轻结构自重（当屋架的跨度和承受荷载相同时，钢屋架的质量最多不过是钢筋混凝土屋架的1/4～1/3），也有利于运输、吊装和抗震；塑性好，结构在一般条件下不会因超载而突然断裂；韧性好，结构对动荷载的适应性强；材质均匀，钢材的内部组织比较接近均质和各向同性体，当应力小于比例极限时，几乎是完全弹性的，和力学计算的假设比较符合。

钢结构的可焊性好，制作简单，便于工厂生产和机械化施工，便于拆卸，可以缩短工期。

有优越的抗震性能。

无污染、可再生、节能、安全，符合建筑可持续发展的原则，可以说钢结构的发展是21世纪建筑文明的体现。

钢结构的缺点：

钢材耐腐蚀性差，需经常刷油漆维护，故维护费用较高。

钢结构的耐火性差。当温度达到250℃时，钢结构的材质将会发生较大变化；当温度达到500℃时，结构会瞬间崩溃，完全丧失承载能力。

（二）按结构的受力特点分类

1.砖混结构

砖混结构是指由砌体和钢筋混凝土材料共同承受外加荷载的结构。由于砌体材料强度较低，且墙体容易开裂、整体性差，故砖混结构的房屋主要用于层数不多的民用建筑，如住宅、宿舍、办公楼、旅馆等。

2.框架结构

框架结构是指由梁、柱构件通过铰接（或刚接）相连而构成承重骨架的结构，是目前建筑结构中较广泛的结构形式之一。框架结构能保证建筑的平面布置灵活，主要承受竖向荷载；防水、隔声效果也不错，具有较好的延性和整体性，因此，框架结构的抗震性能较好；其缺点是其属于柔性结构，抵抗侧移的能力较弱。一般多层工业建筑与民用建筑大多采用框架结构，合理的建筑高度约为30m，即层高约3m时不超过10层。

3.排架结构

排架结构通常是指由柱子和屋架（或屋面梁）组成，柱子与屋架（或屋面梁）铰接，而与基础固接的结构。从材料上说，排架结构多为钢筋混凝土结构，也可采用钢结构，广泛用于各种单层工业厂房。其结构跨度一般为12～36m。

4.剪力墙结构

剪力墙结构是指由整片的钢筋混凝土墙体和钢筋混凝土楼（屋）盖组成的结构。墙体承受所有的水平荷载和竖向荷载。剪力墙结构整体刚度大、抗侧移能力较强，但它的建筑空间划分受到限制，造价相对较高，因此，一般适用于横墙较多的建筑物，如高层住宅、宾馆及酒店等。合理的建造高度为15～50层。

5.筒体结构

筒体结构是指由钢筋混凝土墙或密集柱围成的一个抗侧移刚度很大的结构，犹如一个嵌固在基础上的竖向悬臂构件。筒体结构的抗侧移刚度和承载能力在所有结构中是最大的。根据筒体的不同组合方式，筒体结构可以分为框架筒体结构、筒中筒结构和多筒结构三种类型。

框架筒体结构，兼有框架结构和筒体结构的优点，其建筑平面布置灵活，抵抗水平荷载的能力较强。

筒中筒结构又称为双筒结构，内、外筒直接承受楼盖传来的竖向荷载，同时又共同抵抗水平荷载。筒中筒结构有较大的使用空间，平面布置灵活，结构布置也比较合理，空间性能较好，刚度更大，因此，适用于建筑较高的高层建筑。

多筒结构是由多个单筒组合而成的多束筒结构，它的抗侧移刚度比筒中筒结构还要大，可以建造更高的高层建筑。

第三节　建筑结构体系

一、单层刚架结构

刚架结构是指梁、柱之间为刚性连接的结构。当梁与柱之间为铰接的单层结构，一般称为排架；多层多跨的刚架结构常称为框架。单层钢架为梁、柱合一的结构，其内力小于排架结构，梁柱截面高度小，造型轻巧，内部净空较大，故被广泛应用于中小型厂房、体育馆、礼堂、食堂等中小跨度的建筑中。但与拱相比，钢架仍然属于以受弯为主的结构，材料强度没有充分发挥作用，造成刚架结构自重较大、用料较多、适用跨度受到限制。

（一）钢架的受力特点

单层钢架一般是由直线形杆件（梁和柱）组成的具有刚性节点的结构。在荷载作用下，由于梁柱节点的变化，钢架和排架相比其内力是不同的。钢架在竖向荷载作用下，柱对梁的约束减少了梁的跨中弯矩，横梁的弯矩峰值较排架小得多。钢架在水平荷载作用下，梁对柱的约束会减少柱内弯矩，柱的弯矩峰值较排架小得多。因此，刚架结构的承载力和刚度都大于排架结构，故门式刚架能够适用于较大的跨度。

（二）单层钢架的种类

门式刚架的结构按构件的布置和支座约束条件可分成无铰钢架、两铰钢架、三铰钢架三种。在同样荷载作用下，三种钢架的内力分布和大小是不同的，其经济效果也不相同。

无铰钢架，其柱脚为固定端，刚度大，故梁柱弯矩小。但作为固定端基础，要对柱起可靠的固定约束作用，受到很大弯矩，必须做得又大又坚固，费料、费工，很不经济，而且无铰钢架是三次超静定结构，对温差与支座沉降差很敏感，会引起较大的内力变化，所以地基条件较差时，必须考虑其影响，实际工程中应用较少。

两铰钢架，其柱基做成铰接，最大的优点是基础无弯矩，可以做得小，既省料，地下施工的工作量也少，两铰钢架的铰接柱基构造简单，有利于梁柱采用预制构件。两铰钢架也是超静定结构，地基不均匀沉降对结构内力的影响也必须考虑。

三铰钢架是在钢架屋脊处设置永久性铰，柱基处也是铰接，其最大优点是静定结构，计算简单，温度差与支座沉降差不会影响结构的内力。在实际工程中，大多采用三铰和两铰钢架以及由它们组成的多跨结构。

（三）刚架结构的构造

刚架结构的形式较多，其节点构造和连接形式也是多种多样的，但设计要点基本相同。设计时既要使节点构造与结构计算一致，又要使制造、运输、安装方便。

1.钢架节点的连接构造

门式实腹式钢架，一般在梁柱交接处及跨中屋脊处设置安装拼接单元，用螺栓连接。拼接节点处，有加腋与不加腋两种。在加腋的形式中又有梯形加腋与曲线形加腋两种，通常多采用梯形加腋。加腋连接既可使截面的变化符合弯矩图形的要求，又便于连接螺栓的布置。

2.钢筋混凝土钢架节点的连接构造

在实际工程中，大多采用预制装配式钢筋混凝土钢架。钢架拼装单元的划分一般根据内力分布决定，应考虑结构受力可靠，制造、运输、安装方便。

钢架承受的荷载一般有恒载和活载两种。恒载作用下，弯矩零点的位置是固定的，活载作用下，对于各种不同的情况，弯矩零点的位置是变化的。因此，在划分结构单元时，接头位置应根据钢架在主要荷载作用下的内力图确定。

3.钢架铰节点的构造

钢架铰节点包括顶铰及支座铰。铰节点的构造应满足力学中的完全铰的受力要求，即应保证节点能传递竖向压力及水平推力，但不能传递弯矩。铰节点既要有足够的转动能力，又要使构造简单，施工方便。格构式钢架应把铰节点附近部分的截面改为实腹式，并设置适当的加劲肋，以便可靠地传递较大的集中力。

（四）钢架的结构的选型

1.结构布置

一般情况下，矩形建筑平面都采用等间距、等跨度的结构布置。钢架的纵向柱距一般为6m，横向跨度以m为单位取整数，一般为3m的整倍数，如24m、27m、30m以至更大的跨度。其跨度由工艺条件确定，同时兼顾经济的考虑。

刚架结构为平面受力体系，当钢架平行布置时，为保证结构的整体稳定性，应在纵向柱间布置连系梁及柱间支撑，同时在横梁的顶面设置上弦横向水平支撑。柱间支撑和横梁上弦横向水平支撑宜设置在同一开间内。

2.门式刚架的高跨比

门式刚架的高度与跨度之比，决定了钢架的基本形式，也直接影响结构的受力状态。设想有一条悬索在竖向均布荷载作用下，在平衡状态将形成一条悬垂线即所谓的索线，这时悬索内仅有拉力。将索上下倒置，即成为拱的作用，索内的拉力也变为拱的压力，这条倒置的索线即为推力线。从结构受力来看，钢架高度的减小将使支座处水平推力增大；从推力线来看，对三铰门架来说，最好的形式是高度大于跨度；对两铰门架来说，由于跨中弯矩的存在，跨度稍大于高度即为合理。

二、桁架结构体系

桁架：是指由直杆在端部相互连接而组成的格构式体系。桁架结构的特点是受力合理，计算简单，施工方便，适应性强，对支座没有横向力。因此在结构工程中，桁架常用来作为屋盖承重结构，常称为屋架。屋架的主要缺点是结构高度大，侧向刚度小。结构高度大，不但增加了屋面及围护墙的用料，而且增加了采暖、通风、采光等设备的负荷，对音质控制也带来困难。桁架侧向刚度小，对于钢桁架特别明显，因为受压的上弦平面外稳定性差，难以抵抗房屋纵向的侧向力，这就需要设置很多支撑。一般房屋纵向的侧向力并不大，但钢屋架的支撑很多，都按构造（长细比）要求确定截面，故耗钢不少，未能材尽其用。桁架结构主要由上弦杆、下弦杆和腹杆三部分组成。

（一）桁架结构的形式及其受力特点

桁架结构的形式很多，根据材料的不同，可分为木桁架、钢桁架、钢—木组合桁架、钢筋混凝土桁架等。根据桁架屋架形的不同，有三角形屋架、平行弦屋架、梯形屋架、拱形桁架、折线型屋架、抛物线屋架等。根据结构受力的特点及材料性能的不同，也可采用桥式屋架、无斜腹杆屋架或刚接桁架、立体桁架等。我国常用的屋架有三角形、矩形、梯形、拱形和无斜腹杆屋架等多种形式。

从受力特点来看，桁架实际是由梁式结构发展产生的。当涉及大跨度或大荷载时，若采用梁式结构，即便是薄腹梁，也会因为是受弯构件很不经济。对大跨度的简支梁，其截面尺寸和结构自重急剧增大，而且简支梁受荷后的截面应力分布很不均匀，受压区和受拉区应力分布均为三角形，中和轴处应力为零。桁架结构正是考虑简支梁的这一应力特点，把梁横截面和纵截面的中间部分挖空，以至于中间只剩下几根截面很小的连杆，形成“桁架”。桁架工作的基本原理是将材料的抵抗力集中在最外边缘的纤维上，此时它的应力最大而且力臂也最大。

桁架杆件相交的节点，计算中一般都按铰接考虑，所以组成桁架的弦杆、竖杆、斜杆均受轴向力，这是材尽其用的有效途径，从桁架的总体来看，仍摆脱不了弯曲的控制，相当于一个受弯构件。在竖向节点荷载作用下，上弦受压，下弦受拉，主要抵抗弯矩，腹杆则主要抵抗剪力。

尽管桁架结构中的杆件以轴力为主，其构件的受力状态比梁的结构合理，但在桁架结构各杆件单元中，内力的分布是不均匀的。屋架的几何形状有平行弦屋架、三角形、梯形、折线形的和抛物线形，它们的内力分布是随形状的不同而变化的。

在一般情况下，屋架的主要荷载类型是均匀分布的节点荷载。下面以平行弦屋架为例分析其内力分布特点，然后，引伸至其他形式的屋架。

（二）屋架结构的选型与布置

1.屋架结构的几何尺寸

屋架结构的几何尺寸包括屋架的矢高、跨度、坡度和节间长度。

（1）矢高

屋架矢高主要由结构刚度条件确定，屋架的矢高直接影响结构的刚度与经济指标。矢高大、弦杆受力小，但腹杆长、长细比大、易压曲，用料反而增多。矢高小，则弦杆受力大、截面大且屋架刚度小、变形大。因此，矢高不宜过大也不宜过小。屋架的矢高也要根据屋架的结构型式。一般矢高可取跨度的1/10～1/5。

（2）跨度

柱网纵向轴线的间距就是屋架的跨度，以3m为模数。屋架的计算跨度是屋架两端支座反力（屋架支座中心间）之间的距离。但通常取支座所在处房屋或柱列轴线间的距离作为名义跨度，而屋架端部支座中心线相对于轴线缩进150mm，以便支座外缘能做在轴线范围以内，而使相邻屋架间互不妨碍。

（3）坡度

屋架上弦坡度的确定应与屋面防水构造相适应。当采用瓦类屋面时，屋架上弦坡度应大些，一般不小于1/3，以利于排水。当采用大型屋面板并做卷材防水时，屋面坡度可平缓些，一般为1/8～1/12。

（4）节间长度

屋架节间长度的大小与屋架的结构形式、材料及受荷条件有关。一般上弦受压，节间长度应小些，下弦受拉，节间长度可大些。屋面荷载应直接作用在节点上，以优化杆件的受力状态。为减少屋架制作工作量，减少杆件与节点数目，节间长度可取大些。但节间杆长也不宜过大，一般为1.5~4m。

屋架的宽度主要由上弦宽度决定。钢筋混凝土屋架当采用大型屋面板时，上弦宽度主要考虑屋面板的搭接要求，一般不小于20cm。跨度较大的屋架将产生较大的挠度。因此，制作时要采取起拱的办法抵消荷载作用下产生的挠度。

2.屋架结构的选型

屋架结构的选型应考虑房屋的用途、建筑造型、屋面防水、屋架的跨度、结构材料的供应、施工技术条件等因素，并进行全面的技术经济分析，做到受力合理、技术先进、经济实用。

（1）屋架结构的受力

从结构受力来看，抛物线状的拱式结构受力最为合理。但拱式结构上弦为曲线，施工复杂。折线型屋架，与抛物线弯矩图最为接近，力学性能良好。梯形屋架，因其既具有较好的力学性能，上下弦均为直线施工方便，故在大中跨建筑中被广泛应用。三角形屋架与矩形屋架力学性能较差。三角形屋架一般仅适用于中小跨度，矩形屋架常用作托架或荷载较特殊情况下使用。

（2）屋面防水构造

屋面防水构造决定了屋面排水坡度，进而决定屋盖的建筑造型。一般来说，当屋面防水材料采用黏土瓦、机制平瓦或水泥瓦时，应选用三角形屋架、陡坡梯形屋架。当屋面防水采用卷材防水、金属薄板防水时，应选用拱形屋架、折线形屋架和缓坡梯形屋架。

（3）材料的耐久性及使用环境

木材及钢材均易腐蚀，维修费用较高。因此，对于相对湿度较大、通风不良的建筑，或有侵蚀性介质的工业厂房，不宜选用木屋架和钢屋架，宜选用预应力混凝土屋架，可提高屋架下弦的抗裂性，防止钢筋腐蚀。

（4）屋架结构的跨度

跨度在18m以下时，可选用钢筋混凝土—钢组合屋架，这种屋架构造简单、施工吊装方便，技术经济指标较好。跨度在36m以下时，宜选用预应力混凝土屋架，既可节省钢材，又可有效地控制裂缝宽度和挠度。对于跨度在36m以上的大跨度建筑或受到较大振动荷载作用的屋架，宜选用钢屋架，以减轻结构自重，提高结构的耐久性与可靠性。

3.屋架结构的布置

屋架结构的布置，包括屋架结构的跨度、间距、标高等，主要考虑建筑外观造型及建筑使用功能方面的要求来决定。对于矩形的建筑平面，一般采用等跨度、等间距、等标高布置的同一种类的屋架，以简化结构构造、方便结构施工。

（1）屋架的跨度

屋架的跨度应根据工艺使用和建筑要求确定，一般以3m为模数。对于常用屋架形式的常用跨度，我国都制订了相应的标准图集可供查用，从而可加快设计及施工的进度。对于矩形平面的建筑，一般可选用同一种型号的屋架，仅端部或变形缝两侧屋架中的预埋件稍有不同。对于非矩形平面的建筑，各根屋架的跨度不可能一样，这时应尽量减少其类型以方便施工。

（2）屋架的间距

屋架的间距由经济条件确定，即屋架间距的大小除考虑建筑柱网布置的要求外，还要考虑屋面结构及吊顶构造的经济合理性。屋架一般应等间距平行排列，与房屋纵向柱列间距一致，屋架直接搁置在柱顶，屋架的间距同时即为屋面板或檩条、吊顶龙骨的跨度，最常见的为6m，有时也有7.5m、9m、12m等。

4.屋架的支座

屋架支座的标高由建筑外形的要求确定，一般为在同层中屋架的支座取同一标高。当一根屋架两端支座的标高不一致时，要注意可能会对支座产生水平推力。屋架的支座形式，在力学上可简化为铰接支座。实际工程中，当跨度较小时，一般把屋架直接搁置在墙、垛、柱或圈梁上。当跨度较大时，则应采取专门的构造措施，以满足屋架端部发生转动的要求。

5.屋架结构的支撑

屋架支撑的位置在有山墙时设在房屋两端的第二开间内，对无山墙（包括伸缩缝处）的房屋设在房屋两端的第一开间内；在房屋中间每隔一定距离（一般≤60m）亦需设置一道支撑，对于木屋架，距离为20～30m。支撑体系包括上弦水平支撑、下弦水平支撑与垂直支撑，它们把上述开间相邻的两桁架连接成稳定的整体。在下弦平面通过纵向系杆，与上述开间空间体系相连，以保证整个房屋的空间刚度和稳定性。支撑的作用有3个：保证屋盖的空间刚度与整体稳定；抵抗并传递由屋盖沿房屋纵向传来的侧向水平力，如山墙承受的风力、纵向地震作用等；防止桁架上弦平面外的压曲，减少平面外长细比，并防止桁架下弦平面外的振动。

三、拱结构

拱是一种十分古老而现代仍在大量应用的一种结构形式。它主要是以承受轴向力为主的结构，这对于混凝土、砖、石等抗压强度较高的材料十分适宜，可充分利用这些材料抗压强度高的特点，因而很早以前，拱就得到了十分广泛的应用。拱式结构最初大量应用于桥梁结构中，在混凝土材料出现后，逐渐被广泛应用于大跨度的房屋建筑中。

（一）拱结构的类型

拱结构在国内外得到广泛应用，类型也多种多样：按建造的材料分类，有砖石砌体拱结构、钢筋混凝土拱结构、钢拱结构、胶合木拱结构等；按结构组成和支承方式分类，有无铰拱、两铰拱和三铰拱；按拱轴的形式分类，常见的有半圆拱和抛物线拱；按拱身截面分类，有实腹式和格构式、等截面和变截面，等等。

三铰拱为静定结构，两铰拱和无铰拱为超静定结构。拱结构的传力路线较短，因此拱是较经济的结构形式。与钢架相仿，只有在地基良好或两侧拱脚处有稳固边跨结构时，才采用无铰拱。一般而言，无铰拱常用于桥梁建筑，很少用于房屋建筑。

双铰拱应用较多，跨度小时拱重不大，可整体预制。跨度大时，可沿拱轴线分段预制，现场地面拼装好后，再整体吊装就位。如北京崇文门菜场的32m跨双铰拱，就是由5段工字形截面拱段拼装成的。双铰拱为一次超静定结构，对支座沉降差、温度差及拱拉杆变形等都较敏感。

（二）拱结构水平推力的处理

拱既然是有推力的结构，拱结构的支座（拱脚）应能可靠地承受水平推力，才能保证它能发挥拱结构的作用。对于无铰拱、两铰拱这样的超静定结构，拱脚的变位会引起结构较大的附加内力（弯矩），更应严格要求限制在水平推力作用的变位。在实际工程中，一般采用以下4种方式来平衡拱脚的水平推力。

1.水平推力由拉杆直接承担

这种结构方案既可用于搁置在墙、柱上的屋盖结构，也可用于落地拱结构。水平拉杆所承受的拉力等于拱的推力，两端自相平衡，与外界之间没有水平向的相互作用力。这种构造方式既经济合理，又安全可靠。当作为屋盖结构时，支承拱式屋盖的砖墙或柱子不承受拱的水平推力，整个房屋结构即为一般的排架结构，屋架及柱子用料均较经济。该方案的缺点是室内有拉杆存在，房屋内景欠佳，若设吊顶，则压低了建筑净高，浪费空间。对于落地拱结构，拉杆常做在地坪以下，这可使基础受力简单，节省材料，当地质条件较差时，其优点更为明显。

水平拉杆的用料，可采用型钢（如工字钢、槽钢）或圆钢，视推力大小而定，也可采用预应力混凝土拉杆。

2.水平推力通过刚性水平结构传递给总拉杆

这种结构方案需要有水平刚度很大的、位于拱脚处的天沟板或边跨屋盖结构作为刚性水平构件以传递拱的推力。拱的水平推力作用在刚性水平构件上，通过刚性水平构件传给设置在两端山墙内的总拉杆来平衡。因此，天沟板或边跨屋盖可看成一根水平放置的深梁，该深梁以设置在两端山墙内的总拉杆为支座，承受拱脚水平推力。当该梁在其水平平面内的刚度足够大时，则可认为柱子不承担水平推力。这种方案的优点是立柱不承受拱的水平推力，柱内力较少，两端的总拉杆设置在房屋山墙内，建筑室内没有拉杆，可充分利用室内建筑空间，效果较好。

3.水平推力由竖向结构承担

这种方法也用于无拉杆拱，拱脚推力下传给支承拱脚的抗推竖向结构承担。从广义上理解，也可把抗推竖向结构看作落地拱的拱脚基础。拱脚传给竖向结构的合力是向下斜向的，要求竖向结构及其下部基础有足够大的刚度来抵抗，以保证拱脚位移极小，拱结构内的附加内力不致过大。常用的竖向结构有以下几种形式。

（1）扶壁墙墩

小跨度的拱结构推力较小，或拱脚标高较低时，推力可由带扶壁柱的砖石墙或墩承受。如尺度巨大的哥特式建筑，因粗壮的墙墩显得更加庄重雄伟。

（2）飞券

哥特式建筑教堂（如巴黎圣母院）中厅尖拱拱脚很高，靠砖石拱飞券和墙柱墩构成拱柱框架结构来承受拱的水平推力。

（3）斜柱墩

跨度较大、拱脚推力大时，采用斜柱墩方案时可起到传力合理、经济美观的效果。我国的一些体育、展览建筑就借鉴了这一做法，采用两铰拱或三铰拱（多为钢拱），不设拉杆，支承在斜柱墩上，如西安秦始皇兵马俑博物馆展览大厅就采用67m跨的三铰钢拱，拱脚支承在基础墩斜向挑出的2.5m的钢筋混凝土斜柱上，受力显得很合理。

（4）其他边跨结构

对于拱跨较大且两侧有边跨有附属用房的情况，可以用边跨结构提供拱脚反力。边跨结构可以是单层或多层、单跨或多跨的墙体或框架结构。要求它们有足够的侧向刚度，以保证在拱推力作用下的侧移不超过允许范围。

4.推力直接传给基础——落地拱

对于落地拱，当地质条件较好或拱脚水平推力较小时，拱的水平推力可直接作用在基础上，通过基础传给地基。为了更有效地抵抗水平推力，防止基础滑移，也可将基础底面做成斜坡状。

落地拱的上部做屋盖，下部做外墙柱，不仅省去了抵抗拱脚推力的水平结构与竖向结构，而且由于拱脚推力的标高一直下降到铰基础，使基础处理大大简化。这是落地拱的结构特点，也是其所以经济有效的根源，对大跨度拱尤其显著。故一般大跨度拱几乎全都采用落地拱。

无论是双铰的或三铰的落地拱，其拱轴线形都采用悬链线或抛物线。当拱脚推力较大，或地基过于软弱时，为确保双铰拱的弯矩在因基础位移而增大，或为确保基础在任何情况下都能承受住拱脚推力，一般在拱脚两基础间设置地下预应力混凝土拉杆。

（三）拱的截面形式与主要尺寸

拱身可以做成实腹式和格构式两种形式。钢结构拱一般多采用格构式，当截面高度较大时，采用格构式可以节省材料。钢筋混凝土拱一般采用实腹形式，常用的截面有矩形。现浇拱一般多采用矩形截面。这样模板简单，施工方便。钢筋混凝土拱身的截面高度可按拱跨度的1/40～1/30估算；截面宽度一般为25cm～40cm。对于钢结构拱的截面高度，格构式按拱跨度的1/60～1/30，实腹式可按1/80～1/50取用。拱身在一般情况下采用等截面。由于无铰拱内力（轴向压力）从拱顶向拱脚逐渐加大，一般做成变截面的形式。变截面一般是改变拱身截面的高度而保持宽度不变。截面高度的变化应根据拱身内力，主要由弯矩的变化而定，受力大处截面高度也相应较大。

拱的截面除了常用的矩形截面外，还可采用T形截面拱、双曲拱、折板拱等，跨度更大的拱可采用钢管、钢管混凝土截面，也可用型钢、钢管或钢管混凝土组成组合截面。组合截面拱自重轻，拱截面的回转半径大，其稳定性和抗弯能力都大大提高，可以跨越更大的跨度，跨高比也可做得更大些。也可采用网状筒拱，网状筒拱像用竹子（或柳条）编成的筒形筐，也可理解为在平板截面的筒拱上有规律地挖出许多菱形洞口而成。

四、网架结构

（一）网架结构的特点与适用范围

网架结构按外形可分为平板形网架和壳形网架。平板形的称为网架，曲面的壳形网架称为网壳，它可以是单层的，也可以是双层的。双层网架有上下弦之分，平板网架都是双层的。网壳则有单层、双层、双曲等各种形状。平面网架是无推力的空间结构，目前，在国内外得到广泛应用。

网架结构为一种空间杆系结构，具有三维受力特点，能承受各方向的作用，并且网架结构一般为高次超静定结构，倘若某杆件局部失效，仅少一次超静定次数，内力可重新调整，整个结构一般并不失效，具有较高的安全储备。网架结构在节点荷载的作用下，各杆件主要承受轴力，能充分发挥材料的强度，节省钢材，结构自重小。

网架结构空间刚度大，整体性强、稳定性好。因为网架的杆件既是受力杆，又是支撑杆，各杆件之间相互支撑，协同工作，有良好的抗震性能，特别适应于大跨度建筑。

网架结构另一显著特点是能够利用较小规格的杆件建造大跨度结构，而且杆件类型统一。把这些杆件用节点连接成少数类型的标准单元，再连接成整体。其标准单元可以在工厂大量预制生产，能保证质量。

网架结构平面适应性强，它可以用于矩形、圆形、椭圆形、多边形、扇形等多种建筑平面，造型新颖、轻巧、富有极强的表现力，给建筑设计带来了极大的灵活性。自20世纪60年代以来，网架结构越来越广泛地应用于中、大跨度的体育馆、会堂、俱乐部、影剧院、展览馆、车站、飞机库、车间、仓库等建筑中，除了应用于屋顶结构外，还应用于多层建筑的楼盖以及雨篷中。1976年在美国路易斯安那州建造的世界上最大的体育馆，就是采用钢网架屋顶圆形平面，直径达207.3m。

平板双层钢网架结构是大跨度建筑中应用得最普遍的一种结构形式，近年来我国建造的大型体育馆建筑，如北京首都体育馆、上海市体育馆、南京市五台山体育馆等都是采用这种形式的结构。

（二）平板网架的结构形式

平板网架都是双层的，按杆件的构成形式又分为交叉桁架体系和角锥体系两种。交叉桁架体系网架由两向交叉或三向交叉的桁架组成；角锥体系网架，由三角锥、四角锥或六角锥等组成。后者刚度更大，受力性能更好。

1.交叉桁架体系

这类网架结构是由许多上下弦平行的平面桁架相互交叉联成一体的网状结构。一般情况下，上弦杆受压，下弦杆受拉，长斜腹杆常设计成拉杆，竖腹杆和短斜腹杆常设计成压杆。交叉桁架体系网架的主要形式有以下3种。

（1）两向正交正放网架（正方格网架）

这种网架由两个方向交叉成90° 角的桁架组成，故称为正交。且两个方向的桁架与其相应的建筑平面边线平行，因而称为正放。

当网架两个方向的跨度相等或接近时，两个方向桁架共同传递外荷，且两方向的杆件内力差别不大，受力均匀，空间作用明显。但当两个方向边长比变大时，荷载沿短向桁架传力明显，类似于单向板传力，网架的空间作用大为削弱。

这种网架上下弦的网格尺寸相同，同一方向的各平面桁架长度相同，因此构造简单，便于制作安装。此种网架适用于正方形，近似正方形的建筑平面，跨度以30～60m的中等跨度为宜。

这种网架在平面上基本是正方形，在水平力作用下，为保持几何不变性，需适当设置水平支撑。当采用四点支承时，其周边一般均向外悬挑，悬挑长度以1/4柱距为宜。

（2）两向正交斜放网架（斜方格网架）

两向正交斜放网架也是由两组相互交叉成90° 的平面桁架组成，但每片桁架与建筑平面边线的交角为45° 。

从受力上看，当这种网架周边为柱子支承时，两向正交斜放网架中的各片桁架长短不一，而网架常常设计成等高度的，因而四角处的短桁架刚度较大，对长桁架有一定嵌固作用，使长桁架在其端部产生负弯矩，从而减少了跨度中部的正弯矩，改善了网架的受力状态，并在网架四角隅处的支座产生上拔力，故应按拉力支座进行设计。

（3）三向交叉网架

三向交叉网架一般是由三个方向的平面桁架相互交叉而成，其交角互为60° 。三向交叉网架比两向网架的空间刚度大、杆件内力均匀，故适合在大跨度工程中采用，特别适用于三角形、梯形、正六边形、多边形、圆形平面的建筑中。但三向交叉网架杆件种类多，节点构造复杂，在中小跨度中应用是不经济的。

2.角锥体系网架

角锥体系网架是由三角锥单元、四角锥单元或六角锥单元所组成的空间网架结构，分别称作三角锥网架、四角锥网架、六角锥网架。角锥体系网架比交叉桁架体系网架刚度大，受力性能好。若由工厂预制标准锥体单元，则堆放、运输、安装都很方便。角锥可并列布置，也可抽空跳格布置，以降低用钢量。

（1）三角锥体网架

三角锥体网架是由三角锥单元组成的，杆件受力均匀，比其他网架形式刚度大，是目前各国在大跨度建筑中广泛采用的一种形式。它适合于矩形、三边形、梯形、六边形和圆形等建筑平面。三角锥体网架有两种网格形式，一种是上、下弦均为三角形网格；另一种是抽空三角锥体网架，其上弦为三角形网格，下弦为三角形和六角形网格，抽空三角锥体网架用料较省，杆件少，构造也较简单，但空间刚度较小。

（2）四角锥体网架

一般四角锥体网架的上弦和下弦平面均为方形网格，上下弦错开半格，用斜腹杆连接上下弦的网格交点，形成一个个相连的四角锥体。四角锥体网架上弦不易设置再分杆，因此网格尺寸受限制，不宜太大，它适用于中小跨度。

（3）六角锥体网架

这种网架由六角锥单元组成，由于此种网架的杆件多，节点构造复杂，屋面板为三角形或六角形，施工较困难，现已很少采用。当锥尖向下时，上弦为正六边形网格，下弦为正三角形网格。与此相反，当锥尖向上时，上弦为正三角形网格，下弦为正六边形网格。这种形式的网架杆件多，结点构造复杂，屋面板为六角形或三角形，施工也较困难。因此仅在建筑有特殊要求时采用，一般不宜采用。

（三）网架的支承方式

网架的支承方式与建筑功能要求有直接关系，具体选择何种支承方式，应结合建筑功能要求和平立面设计来确定。目前常用的支承方式有以下几种。

1.周边支承

所有边界节点都支承在周边柱上时，虽然柱子布置较多，但传力直接明确，网架受力均匀，适用于大、中跨度的网架。当所有边界节点支承于梁上时，柱子数量较少，而且柱距布置灵活，从而便于建筑设计，且网架受力均匀，它一般适用于中小跨度的网架。

2.点支承

这种支承方式一般将网架支承在四个支点或多个支点上，柱子数量少，建筑平面布置灵活，建筑使用方便，特别对于大柱距的厂房和仓库较适用。为了减少网架跨中的内力或挠度，网架周边宜设置悬挑，而且建筑外形轻巧美观。

3.周边支承与点支承结合

由于建筑平面布置以及使用要求，有时要采用边点混合支承，或三边支承一边开口，或两边支承两边开口等情况。这种支承方式适合飞机库或飞机的修理及装配车间。此时开口边应设置边梁或边桁架梁。

第三章　多层与高层建筑结构

第一节　多层与高层建筑概述

一、高层建筑含义

建筑高度和层数是高层建筑的两个重要指标，多少层以上或多少高度以上的建筑物为高层建筑？世界各国的规定不一，也不严格。因为一般高层建筑标准较高，所以对高层建筑的定义与一个国家的经济条件、建筑技术、电梯设备、消防装置等多种因素有关。

抗震设计的高层混凝土建筑，根据建筑使用功能的重要性分为甲类、乙类、丙类三个抗震设防类别。甲类属于重大工程和地震时可能发生严重灾害的建筑；乙类属于地震时使用功能不能中断或需要尽快恢复的建筑；丙类属于一般标准设防建筑。

二、高层建筑结构的受力特点与基本要求

（一）水平作用是高层建筑结构设计的主要控制因素

在高层建筑设计中，高层建筑结构设计是很重要的一环。高层建筑结构不仅承受竖向荷载（如结构自重、楼面与屋面活荷载等），而且也承受水平作用（如风荷载、地震作用等）。多层建筑，一般可以忽略由水平作用产生的结构侧向位移对建筑使用功能或结构可靠度产生的影响。在高层建筑结构设计中，竖向荷载

的作用与多层建筑相似，柱内轴力随结构高度的增加呈线性关系增大；而由水平作用（风荷载或地震作用等）引起的弯矩，随着高度的增加，呈平方的关系增大；在水平作用下结构的侧向位移，则与结构高度的四次方成正比。上述由水平作用引起的弯矩和侧向位移常常成为决定结构方案、结构布置及构件截面尺寸的主要控制因素。

（二）结构刚度是高层建筑结构设计的关键因素

要设计多少层或多高的建筑，这就要看使用的需要，而建筑平面和高度一经确定，外荷载也就不容商榷。为抵抗外荷载（特别是水平作用）引起的内力和控制房屋的侧向位移，则要求结构应具有足够的强度和刚度，而结构的刚度往往是高层建筑结构设计的关键因素。抗侧移刚度的大小不仅与结构体系紧密相关，而且直接关系到结构侧向位移的大小。

（三）选择有利于抗侧力的建筑体型

在按照建筑的不同功能和不同层数选取合理的结构形式、结构体系，并考虑其最佳高宽比的同时，还必须选择有利于抗风、抗震的建筑体型，且宜选用风作用效应较小的平面形状。

（四）高层建筑结构设计注意事项

高层建筑结构设计不仅要注重概念设计，还应注意到各项功能的要求，协调配合，统筹布局。

高层建筑结构设计应从总体上注意概念设计，重视结构类型的选取和结构体系的确定，重视结构平面布局和竖向布置的规则性。在抗震设计中，应择优选用抗震和抗风性能好且经济合理的结构体系，特别要注重采取和加强有效的构造措施，以保证结构的整体抗震性能，使整个结构具有必要的承载能力、刚度和延性。

高层建筑结构设计与建筑设计密不可分，不同的结构体系对建筑布局均有不同的影响。例如，高层建筑是以电梯作为主要的垂直交通工具，在结构设计中，应注意如何有效地利用电梯，组织方便、安全而又经济的公共交通体系。其他如供水、供电、通信设备，防火、防烟、疏散、安全措施以及服务设施、环境、废物处理等，均需要全面考虑与统筹安排，做好相互间的协调配合。

在低层建筑中，许多不太重要而常被忽视的问题，在高层建筑中可能显得十分突出，必须慎重处理。其中包括工程技术问题、建筑艺术问题、投资经济效果与社会效益问题，以及对城市建筑的动态平衡、环境影响和给人们造成的心理影响等。

综上所述，高层建筑绝不是建筑层数的简单加高，认识和掌握这些特点，对进行高层建筑设计是至关重要的。

第二节　多层与高层建筑结构布置的一般原则

高层建筑钢筋混凝土结构可采用框架、剪力墙、框架—剪力墙、板柱—剪力墙和筒体结构体系。其中，板柱—剪力墙结构系指由无梁楼板与柱组成的板柱框架和剪力墙共同承受竖向和水平作用的结构。各种结构体系在布置时，应遵守以下一般原则：

（1）高层建筑的开间、进深和层高应力求统一，以便于结构布置，减少构件类型、规格，有利于工业化施工与降低综合造价。

（2）高层建筑结构布置，应使结构具有必要的承载能力、刚度和变形能力。结构的水平和竖向布置宜具有合理的承载力和刚度分布，避免因局部突变和扭转效应而形成薄弱部位；避免因部分结构或构件的破坏而导致整个结构丧失承受重力荷载、风荷载和地震作用的能力。

（3）在高层建筑的一个独立结构单元内，宜使结构平面形状简单、规则，刚度和承载力分布均匀。不应采用严重不规则的结构体系和平面布局。

（4）高层建筑的竖向体型宜规则、对称，避免有过大的外挑和内收。结构的侧向刚度宜下大上小，逐渐均匀变化，不宜采用竖向布置严重不规则的结构。

（5）高层建筑的结构布置，应保证在正常使用条件下，具有足够的刚度以避免产生过大的位移而影响结构的承载力、稳定性和使用要求。

（6）高层建筑的结构布置应与结构单元、结构体系和基础类型相协调，并与施工条件和施工方法相适应，如需考虑现场施工和能够实现与方便预制构件制作，以缩短工期，早日发挥投资效益。

（7）高层建筑结构中，应尽量少设结构缝，以利简化构造，方便施工，降低造价。对于建筑平面形状较为复杂、平面长度大于伸缩缝最大间距或主体与裙房之间沉降差较大时，可以采取调整平面形状和结构布置或采取分阶段施工、设置后浇带的方法，尽量避免设置结构缝。后浇带间距为30～40m，后浇带宽为800～1000mm，后浇带内钢筋可采用搭接接头，后浇带混凝土宜在两个月后浇灌，混凝土强度等级应提高一级。

（8）在地震区建造高层建筑时，其结构布置应特别注意以下几点：

①建筑物（这里主要指结构单元）的平面形状，应力求简单、规则、对称以减少偏心。例如，采用正方形、矩形、圆形、椭圆形、“Y”字形、“L”形、十字形、井字形等平面形式。因为这样的平面，结构刚度均匀，房屋重心左右一致，抵抗地震作用的房屋刚度中心与地震作用的合力中心位置相重合或比较接近，可以减少因刚度中心和质量中心不一致而引起房屋扭转的影响。因为地震作用的大小与房屋质量有关，所以地震作用的合力作用点常称为房屋的质量中心。

②房屋的竖向结构布置，应力求刚度均匀连续。如柱子、剪力墙的截面沿高度应上下一致，或由下而上逐渐变小。各层刚度中心应尽量位于一条竖直线上，避免错位、截面明显减小或突然取消，防止建筑物的刚度和重心上下不一致。

③楼盖是传递竖向荷载及水平作用并保证抗侧力结构协同工作的关键构件，必须保证它在平面内有足够的刚度，同时应保证墙、柱与楼盖的可靠连接。为此，应优先采用整体现浇楼板。对于装配式楼板，宜增设现浇层，并在支承部位和板与梁、板与墙的连接处，采用可靠的构造措施。

④建造在地震区的高层建筑，更应从设计、施工质量上保证结构的整体性，使房屋各部分结构能有效地组合在一起，发挥空间工作的作用，以提高抗震能力。例如，结构要多道设防，使结构计算图式的超静定次数增多。这样，在经受地震后，即使有个别的构件遭到破坏，也不会造成整个房屋的过早失稳和破坏。

⑤当建筑物平面形状复杂而又无法调整其平面形状和结构布置使之成为较规则的结构时，宜设置防震缝将其划分为较简单的几个结构单元。

⑥经受地震后，房屋中的隔墙、女儿墙、阳台、雨篷、挑檐等构件最容易损

坏，甚至坠落而造成伤亡事故。在设计时，必须采取有效的结构措施，予以锚固和拉结。

上述各点，对地震区高层建筑结构设计十分重要，必须严格遵守。同样，在进行非地震区高层建筑设计中，也应尽量参照执行，从而达到安全适用、经济合理的效果。

第三节　多层与高层建筑结构上的荷载和地震作用

多层与高层建筑所承受的荷载及作用，包括结构自重、屋面活荷载（或雪荷载）、楼面活荷载、吊车与设备荷载、风荷载、地震作用、温度作用、冲击波荷载等。

其中，温度作用仅在某些建筑高度超过100m或超过30层时予以考虑；冲击波荷载只对某些重要建筑，按照军工规范的有关规定，折算成等效静荷载。

对于民用多层与高层建筑所承受的荷载及作用，一般分为两类：一类为竖向荷载，主要包括结构自重、屋面活荷载、楼面活荷载以及设备荷载等；另一类为水平荷载及作用，主要包括风荷载和地震作用。一般情况下，在风力不是很大的地震区，建筑物仅考虑地震作用而不考虑风荷载；而在风力较大的地震区，则建筑物需同时计算出由风荷载和地震作用引起的内力，然后再进行荷载的不利组合。

一、竖向荷载

高层建筑结构的竖向荷载（包括结构自重、屋面与楼面活荷载等）标准值，按现行国家标准有关规定采用。此外，还应注意：

（1）施工中采用附墙塔、爬塔等对结构受力有影响的起重机械或其他施工设备时，应根据具体情况确定对结构产生的施工荷载。

（2）旋转餐厅轨道和驱动设备的自重应按实际情况确定。

（3）擦窗机等清洗设备应按实际情况确定其自重的大小和作用位置。

（4）直升机平台上的活荷载，应按实际最大起重量决定的局部荷载标准值乘以动力系数确定。对具有液压轮胎起落架的直升机，动力系数可取1.4；当没有机型技术资料时，局部荷载标准值及其作用面积可根据直升机类型取用，但不小于5kN/m²。

在高层建筑结构的内力计算中，为简化计算，对于屋面或楼面活荷载，一般可不进行最不利布置，全按满载计算。但当设计楼面梁、墙、柱及基础时，应对楼面活荷载标准值乘以折减系数。例如，设计住宅、办公楼、旅馆、医院病房、幼儿园的楼面梁，且当从属面积超过25m²时，取0.9。又如，设计教室、会议室、礼堂、电影院、展览馆、商店、藏书库的楼面梁，且当从属面积超过50m²时，取0.9，当设计其墙、柱及基础时，采用与楼面梁相同的折减系数。

二、风荷载

风与建筑物相遇，将对建筑物的表面产生压力、吸力或浮力，即为风荷载。风荷载的特点之一是具有变化性。风荷载与风本身的性质、速度、方向有关；同时也与建筑物的体型、高度，建筑物周围的环境、地形、地貌等因素有关。例如，在建筑物的迎风面会受到压力，在背风面和侧面会受到吸力，对外伸的阳台、挑檐等会形成浮力。风荷载的另一个特点是具有静力和动力的双重特性。

三、地震作用

多层与高层建筑结构属于多质点体系，对于刚度与质量沿竖向分布特别不均匀的高层建筑结构、甲类高层建筑结构以及高度大于100m（7度，8度的Ⅰ、Ⅱ类场地）和80m（8度的Ⅲ、Ⅳ类场地）、60m（9度）的乙、丙类高层建筑结构，宜采用时程分析法计算水平地震作用。即按设防烈度、设计地震分组和场地类别，选取适当数量的实测地震记录或人工模拟加速度时程曲线，求得结构底部剪力。对于高度不超过40m、以剪切变形为主且质量和刚度沿高度分布比较均匀的多层与高层建筑结构，可采用底部剪力法。对于上述两种情况以外的多层与高层建筑结构宜采用振型分解反应谱法。这种方法是先计算每个振型在各质点处的地震作用，由于各振型的最大地震作用不一定在同一时刻出现，而且有正有负，需要经过振型组合才能求得该质点的水平地震作用。在实际计算中，因为频率高（周期短）的振型引起的地震作用很小，所以一般只考虑频率较低的几个振型。

第四节　框架结构

一、框架结构的结构组成及受力特点

框架结构，系指由梁和柱为主要构件组成的承受竖向和水平作用的结构。框架结构，一般由框架柱和框架横梁通过节点连接而成。框架节点通常为刚接，主体结构除个别部位外，均不应采用铰接。因为框架结构主要承受竖向荷载（如恒载和屋面活荷载）和水平荷载及作用（如风荷载和水平地震作用），所以常把框架结构看成由横向平面框架和纵向平面框架组成的空间受力体系。为此，框架结构应设计成双向梁柱抗侧力体系。

框架结构在竖向荷载作用下，受力明确，传力简捷，也便于计算；在水平荷载及作用下，抗侧刚度小，变形呈剪切型，水平侧移大，底部几层侧移更大。与其他高层建筑结构相比，属柔性结构。框架结构自下而上内力相差较大，相应的构件类型也较多。框架结构的突出优点是建筑平面布置灵活，能满足较大空间要求，特别适用于商场、餐厅等。

在布置框架结构时，框架梁柱中心线宜重合，尽量避免偏心。当梁柱中心线不重合时，梁柱中心线之间的偏心距不宜大于柱截面在该方向宽度的1/4。超过时可采取增设梁的水平加腋等措施。

框架结构常采用轻质墙体作为填充墙及隔墙。在设计抗震时，如采用砌体填充墙，其布置应避免上、下层刚度变化过大；避免形成短柱，并应减少因抗侧刚度偏心所造成的扭转。为保证墙体自身的稳定性，砌体填充墙及隔墙的墙顶应与框架梁或楼板密切结合，且应与框架柱有可靠拉结。框架结构按抗震设计，不应采用部分由框架承重、部分由砌体墙承重的混合形式。框架结构中的楼梯间、电梯间及局部出屋顶的电梯机房、楼梯间、水箱间等，应采用框架承重，不应采用砌体墙承重。

二、框架结构布置方案

（一）柱网布置

柱网布置包括柱网及层高的确定。柱网布置原则是，满足使用要求，结构受力合理，用材节省，造价经济，施工方便，且能与施工机械的运输、吊装能力相适应。同时，柱网布置应力求行距、列距一致，且宜布置在同一轴线上。除房屋底部或顶部以外，中间各层通常层高相同。这样，传力直接，受力合理，又可减少构件规格、型号。

柱网布置应注意以下几点。

1.柱网布置应满足生产工艺要求

按照生产工艺要求，多层厂房的柱网布置有内廊式、等跨式、对称不等跨式三种。

2.柱网布置应满足建筑平面布置要求

对于旅馆、办公楼等民用建筑，其柱网布置可采用两边跨为客房与卫生间，中间跨为走道；或两边跨为客房，中间跨为走道与卫生间。也可取消中间一排柱子，将柱网布置成两跨。而且柱网布置应与纵、横隔墙相协调，尽量使柱子布置在纵、横隔墙的交叉点上。

3.柱网布置应使结构受力合理

多层框架主要承受竖向荷载。其横向柱列在布置时，应考虑到结构在竖向荷载作用下内力分布均匀、合理，各种构件材料强度均能充分利用。纵向柱列的布置对结构受力也有影响，框架柱距一般可取建筑开间，但当开间小、层数又少时，柱截面设计，常按构造配筋，材料强度不能充分利用，同时过小的柱距也使建筑平面难以灵活布置，为此可考虑柱距为两个开间。

4.柱网布置应方便施工

建筑设计及结构布置应同时考虑施工方便，以加快施工进度，降低工程造价。对于装配式结构，既要考虑到构件的最大长度和最大重量，使之满足吊装、运输设备的限制条件，又要考虑到构件尺寸的模数化、标准化，并尽量减少构件的规格类型。对于现浇框架结构，虽然可不受模数和标准图的限制，但其结构布置亦应力求简单、规则，以方便施工。

根据我国现有的构件供应情况和施工吊装能力，住宅建筑的开间一般在

3.3～4.5m；公共建筑的开间可达6.6m。框架横梁通常在4～9m。在布置柱网时，最好在上述范围内选择柱网尺寸。

（二）承重框架的布置方案

为便于结构设计，通常按竖向荷载传递路线的不同，将承重框架的布置方案分为横向框架承重、纵向框架承重和纵横向框架混合承重等三种。

1.横向框架承重方案

对于长和宽比较大的矩形平面民用建筑，或者无集中通风要求的工业建筑，由于纵向柱列柱数较多，强度和刚度容易保证，所以一般多把主要承重框架沿房屋的横向布置，用以加强横向刚度，再通过纵向连系梁连成整体。

这种布置方案，主要荷载由横向框架承受。当考虑风荷载作用时，因纵向刚度大，迎风面小，故在竖向和水平荷载作用下，可仅对横向框架进行内力分析；当考虑地震作用时，因水平地震作用主要是由质点重量决定的，纵、横方向大小相同，而纵向框架柱的总刚度，有时小于横向框架柱的总刚度，故需对纵、横两个方向的框架进行内力分析。

横向框架承重方案，纵向连系梁截面高度较小，在建筑上有利于采光，但由于横梁截面较高，不利于有集中通风要求的多层厂房设置通风管道。

2.纵向框架承重方案

对于长和宽比较大的矩形平面，且有集中通风要求的多层厂房，多采用主要承重框架沿房屋纵向布置，在承重框架之间（沿房屋的横向）用连系梁或卡口板连系。

这种布置方案，主要荷载由纵向框架承受。在风荷载作用下，可只计算横向框架，而无须计算纵向框架。

纵向框架承重方案，开间布置灵活，而且由于横向连系梁截面高度较小，可以增大室内净空高度，便于设置通风干管，而不增加房屋层高，因此可降低房屋造价。但这种布置方案，由于房屋横向刚度较差，故只适用于层数不多的厂房，一般民用房屋很少采用。

3.横纵向框架混合承重方案

当房屋平面接近正方形（两个方向柱列数接近），特别是楼面荷载较大时，或者当采用大柱网，两个方向框架横梁均为承重梁时，则可采用此种承重方案。

这种承重方案，纵、横两个方向框架同时承受竖向荷载和水平荷载。对有抗震设防要求的房屋，两个方向都可以具有足够的抗侧刚度。

（三）梁、柱截面尺寸估算

1.梁截面尺寸估算

框架结构中框架梁的截面应由所需刚度条件确定，框架梁高度 h_b 可根据梁的计算跨度 l_b、活荷载大小等，按 $h_b=(\frac{1}{10}\sim\frac{1}{18})l_b$ 确定。为了防止梁发生剪切脆性破坏，截面高度不宜大于 1/4 梁净跨。主梁截面宽度 b_b 一般可取 $b_b=(\frac{1}{2}\sim\frac{1}{3})h_b$，且不宜小于 200mm。为了保证梁的侧向稳定性，梁截面的高宽比（h_b/b_b）不宜大于 4。

当梁高较小或采用扁梁时，除应验算其承载力和受剪截面要求外，尚应满足刚度和裂缝的有关要求。在计算梁的挠度时，可扣除梁的合理起拱值；对于现浇梁板结构，宜考虑梁受压翼缘的有利影响。

2.柱截面尺寸

柱截面尺寸可根据其所承受竖向荷载、混凝土强度等级及轴压比要求估算，即：

$$A_c=\frac{N}{[\mu]f_c} \tag{3-1}$$

$$N=(1.05\sim1.20)\ N_v \tag{3-2}$$

式中：A_c——柱截面面积；

N——估算柱所承受的轴向压力设计值；

N_v——竖向荷载作用下产生柱轴压力估算值，可根据柱所支承的楼面面积，楼层数及楼层上的竖向荷载经验值，并考虑分项系数1.25进行计算；竖向荷载经验值可近似按12～14kN/m^{2}计算；

f_c——混凝土轴心抗压强度设计值；

$[\mu]$——柱轴压比限值，系数1.05～1.20根据抗震等级确定，根据地震作用影响的大小取值，抗震等级高时取大值，抗震等级低及非抗震设防时可取小值。

矩形截面柱的边长，非抗震设计时不宜小于 250mm，抗震设计时，四级不宜小于 300mm，一、二、三级时不宜小于 400mm；圆柱直径，非抗震和四级抗震设计时不宜小于 350mm，一、二、三级时不宜小于 450mm。柱截面高宽比不宜大于 3。为避免柱产生剪切破坏，柱净高与截面长边之比宜大于 4，或柱的剪跨比宜大于 2。

（四）位移验算方法

框架结构的弹性变形验算是指对其在正常使用条件下的侧移进行验算。框架结构的侧移主要是由风荷载和水平地震作用所引起。

框架结构的侧移是由梁柱杆件弯曲变形和柱的轴向变形产生的。在层数不多的框架中，柱轴向变形引起的侧移很小，可以忽略不计。在近似计算中，一般只需计算由杆件弯曲引起的变形。

框架层间侧移可以按下列公式计算：

$$\Delta u_j = \frac{V_{pj}}{\sum D_{ij}} \tag{3-3}$$

式中：V_{pj}——第j层的总剪力；

ΣD_{ij}——第j层所有柱的抗侧刚度之和。

每一层的层间侧移值求出以后，就可以计算各层楼板标高处的侧移值和框架的顶点侧移值，各层楼板标高处的侧移值是该层及其以下各层层间侧移之和。顶点侧移是所有各层层间侧移之和。

（五）框架梁、柱的抗剪承载力计算

1.框架梁、柱的受剪截面应符合的要求

（1）持久、短暂设计状况

$$V \leqslant 0.25\beta_c f_c b h_0 \tag{3-4}$$

（2）地震设计状况

跨高比大于2.5的梁及剪跨比大于2的柱：

$$V \leqslant \frac{1}{\gamma_{RE}}(0.2\beta_c f_c b h_0) \tag{3-5}$$

跨高比不大于2.5的梁及剪跨比不大于2的柱：

$$V \leqslant \frac{1}{\gamma_{RE}}(0.15\beta_c f_c b h_0) \tag{3-6}$$

框架柱的剪跨比可按下式计算：

$$\lambda = M^c / (V^c h_0) \tag{3-7}$$

式中：V——梁、柱计算截面的剪力设计值；

λ——框架柱的剪跨比；反弯点位于柱高中部的框架柱，可取柱净高与计算方向2倍柱截面有效高度之比值；

M^c——柱端截面未经上述调整的组合弯矩计算值，可取柱上、下端的较大值；

V^c——柱端截面与组合弯矩计算值对应的组合剪力计算值；

β_c——混凝土强度影响系数：当混凝土强度等级不大于C50时取1.0；当混凝土强度等级为C80时取0.8；当混凝土强度等级在C50和C80之间时可按线性内插取用；

b——矩形截面的宽度，T形截面、工形截面的腹板宽度；

h_0——梁、柱截面计算方向有效高度；

f_c——混凝土轴心抗压强度设计值。

2.矩形截面偏心受压框架柱

矩形截面偏心受压框架柱，其斜截面受剪承载力应按下列公式计算。

（1）持久、短暂设计状况

$$V \leqslant \frac{1.75}{\lambda+1} f_t b h_0 + f_{yv} \frac{A_{sv}}{s} h_0 + 0.07N \tag{3-8}$$

（2）地震设计状况：

$$V \leqslant \frac{1}{\gamma_{RE}}\left(\frac{1.05}{\lambda+1} f_t b h_0 + f_{yv} \frac{A_{sv}}{s} h_0 + 0.56N\right) \tag{3-9}$$

式中：λ——框架柱的剪跨比，当$\lambda<1$时，取$\lambda=1$；当$\lambda>3$时，取$\lambda=3$；

N——考虑风荷载或地震作用组合的框架柱轴向压力设计值。

第五节　剪力墙结构

一、剪力墙结构的受力特点及分类

（一）剪力墙结构的受力特点

剪力墙结构，系指由剪力墙组成的承受竖向和水平作用的结构。高层建筑结构中的剪力墙，多为钢筋混凝土剪力墙。其受力特点主要有：

（1）竖向荷载和水平作用全由剪力墙承担。

（2）剪力墙抗侧刚度大，侧位移小，属刚性结构。

（3）水平作用下，剪力墙变形呈弯曲形。

（4）剪力墙结构开间死板，建筑布置不灵活。

（二）剪力墙的分类

1.整体剪力墙

整体剪力墙为墙面上不开洞口或洞口很小的实体墙。后者系指其洞口面积小于整个墙面面积的15%，且洞口之间的距离及洞口距墙边的距离均大于洞口的长边尺寸的剪力墙。整体剪力墙在水平荷载作用下，以悬臂梁（嵌固于基础顶面）的形式工作，与一般悬臂梁的不同之处，仅在于剪力墙为典型的深梁，在变形计算中不能忽略它的剪切变形。

2.整体小开口剪力墙

对于开有洞口的实体墙，上、下洞口之间的墙，在结构上相当于连系梁，通过它将左右墙肢联系起来。如果连系梁的刚度较大，洞口又较小（但洞口面积大于总面积的15%），则属于整体小开口剪力墙。整体小开口剪力墙是整体墙与联肢墙的过渡形式。由于开设洞口而使墙内力与变形比整体墙大，连系梁仍具有较大的抗弯、抗剪刚度，而使墙肢内力与变形又比联肢墙小。从总体上看，整体小开口剪力墙的整体性较好，变形时墙肢一般不出现反弯点，故更接近于整体墙。

3.联肢剪力墙

如果墙体洞口较大，连系梁的刚度较小，一般称为联肢墙。联肢墙可被看作通过连系梁连接而成的组合式整体墙。如果洞口的宽度较小，连梁和墙肢的刚度均较大，则接近于整体小开口剪力墙；如果洞口的宽度较大，连梁和墙肢的刚度均较小，则接近于壁式框架；如果墙肢的刚度较大，而连梁的刚度过小，则每个墙肢相当于用两端铰接的链杆联系起来的单肢整体墙。后者，当整个联肢墙发生弯曲变形时，可能在连系梁中部出现反弯点（反弯点处只有剪力和轴力），此时，每个墙肢相当于同时承受外荷载和反弯点处剪力和轴力的悬臂梁。

4.壁式框架

如果墙体洞口的宽度较大，则连系梁的截面高度与墙肢的宽度相差不大（二者的线刚度大致相近），这种墙体在水平荷载作用下的工作接近于框架。只不过是梁与柱截面高度都很大，故工程上将这种墙体称为壁式框架。它与一般框架的主要不同点在于梁柱节点刚度极大，靠近节点部分的梁与柱可以近似地认为是一个不变形的区段，即所谓“刚域”。在计算内力和变形时，梁与柱均应按变截面杆件考虑，其抗弯、抗剪刚度均需做进一步修正。

5.框支剪力墙

框支剪力墙，标准层采用剪力墙结构，只是底层为适应大空间要求而采用框架结构（底层的竖向荷载和水平作用全部由框架的梁、柱来承受）。这种结构，在地震作用的冲击下，常因底层框架刚度太弱、侧移过大、延性较差，或因强度不足而引起破坏，甚至导致整幢建筑倒塌。近年来，这种底层为纯框架的剪力墙结构，在地震区已很少采用。

为了改善结构的受力性能，提高建筑物的抗震能力，在结构平面布置中，可将一部分剪力墙落地并贯通至基础，称为落地剪力墙；而另一部分，底层仍为框架。

二、剪力墙的结构布置要点

剪力墙结构体系，按其体形可分为条式和塔式两种。剪力墙结构体系的结构布置可分述如下。

（一）剪力墙的平面布置

剪力墙宜沿主轴方向（横向和纵向）或其他方向双向布置；抗震设计的剪力墙结构，应避免仅单向有墙的结构布置形式。剪力墙墙肢截面宜简单、规则。

剪力墙的横向间距，常由建筑开间而定，一般设计成小开间或大开间两种布置方案。对于高层住宅或旅馆建筑（层数一般为16～30层），小开间剪力墙间距可设计成3.3～4.2m；大开间剪力墙间距可设计成6～8m。前者开间窄小，结构自重较大，材料强度得不到充分发挥，且会导致过大的地震效应，增加基础投资；后者不仅开间较大，可以充分发挥墙体的承载能力，经济指标也较好。

剪力墙的纵向布置，一般设置为两道、两道半、三道或四道。对于抗震设计，应避免采用不利于抗震的鱼骨式平面布置方案。

由于纵、横墙连成整体，从而形成L形、T形、工形截面，以增强平面内刚度，减少剪力墙平面外弯矩或梁端弯矩对剪力墙的不利影响，有效防止发生平面外失稳破坏。由于纵墙与横墙的整体连接，考虑到在水平荷载作用下纵、横墙的共同工作，因此在计算横墙受力时，应把纵墙的一部分作为翼缘考虑；而在计算纵墙受力时，则应把横墙的一部分作为翼缘考虑。

在具体设计中，墙肢端部应按构造要求设置剪力墙边缘构件。当端部有端柱时，端柱即成为边缘构件，当墙肢端部无端柱时，则应设计构造暗柱，对带有翼缘的剪力墙，边缘构件可向翼缘扩大。

（二）剪力墙的立面布置

剪力墙的高度一般与整个房屋的高度相同，自基础至屋顶，高达几十米或一百多米。

剪力墙的立面宜自下而上连续布置，避免刚度突变。在开设剪力墙门窗洞口时，宜上下对齐，成列布置，形成明确的墙肢和连梁，使墙肢和连梁传力直接，受力明确，不仅便于钢筋配置，方便施工，经济指标也较好。否则将会形成错洞墙或不规则洞口，这将使墙体受力复杂，洞口角边容易产生明显的应力集中，地震时容易发生震害。

（三）单片剪力墙

单片剪力墙的长度不宜过长，每个墙肢（或独立墙段）的截面高度不宜大于8m。这是因为过长的墙肢，一方面，使墙体的延性降低，容易发生剪切破坏；另一方面，会导致结构刚度迅速增大，结构自振周期过短，从而加大地震作用，对结构抗震不利。

当墙肢超过8m，宜采用弱连梁的连接方法，将剪力墙分成若干个墙段，或将整片剪力墙形成由若干墙段组成的联肢墙。

此外，剪力墙与剪力墙之间的连梁上不宜设置楼面主梁。

（四）框支剪力墙的布置要求

剪力墙结构布置，虽适合于宾馆、住宅的标准层建筑平面，但却难以满足底部大空间、多功能房间的使用要求。这时需要在底层或底部若干层取消部分剪力墙，而改成框支剪力墙。框支剪力墙为剪力墙结构的一种特殊情况。其结构布置应满足以下要求。

1.控制落地剪力墙的数量与间距

对于矩形平面的剪力墙结构，落地剪力墙的榴数与全部横向剪力墙的比值，非抗震设计时不宜少于30%，抗震设计时不宜少于50%。

2.控制建筑物沿高度方向的刚度变化幅度

对于底层大空间剪力墙结构，在沿竖向布置上，最好使底层的层刚度和二层以上的层刚度基本相等。抗震设计时，不应超过2倍；非抗震设计时，不应大于3倍。

3.框支梁柱截面的确定

框支梁柱是底部大空间部分的重要支承构件，它主要承受垂直荷载及地震倾覆力矩，其截面尺寸要通过内力分析，从结构强度、稳定和变形等方面确定。经试验证明，墙与框架交接部位有几个应力集中区段，在这些部位的配筋均需加强。

4.底层楼板

底层楼板应采用现浇混凝土，其强度等级不宜低于C30，板厚不宜小于180mm，楼板的外侧边可利用纵向框架梁或底层外纵墙加强。楼板开洞位置距外侧边应尽量远一些，在框支墙部位的楼板则不宜开洞。

第六节　框架—剪力墙结构

框架—剪力墙结构，包括由框架和剪力墙共同承受竖向和水平作用的框架—剪力墙结构和由无梁楼板与柱组成的板柱框架和剪力墙共同承受竖向和水平作用的板柱—剪力墙结构两大类。

一、框架—剪力墙结构的受力特点

框架—剪力墙结构，系由框架和剪力墙组合而成（简称框—剪结构），并通过刚性楼盖和连系梁保证二者的共同工作。亦即保证框架和剪力墙共同抵抗风荷载和水平地震作用（合称水平作用或侧向力）。

框架—剪力墙结构，在竖向荷载作用下，框架和剪力墙各自承受所在范围内的荷载，并由此求出各自在竖向荷载作用下的内力。然后再和侧向力作用下所求得的内力组合在一起，对框架和剪力墙分别进行截面承载力计算。

二、剪力墙的数量与最大间距

在框架—剪力墙结构中，剪力墙的数量直接影响到整个结构的抗侧力性能。剪力墙多，结构的抗侧刚度大，侧向位移小，但材料用量偏多，结构自重加大，结构自振周期短，地震作用效应大；剪力墙少，结构的抗侧刚度小，侧向位移大，结构自振周期长，地震作用效应小。从震害的角度来看，由于剪力墙自身强度和刚度均较大，通过震害的调查分析表明，剪力墙多时往往震害较轻，而剪力墙过少时，结构侧向位移大，结构和非结构构件的损失严重。从材料的用量和经济的角度来看，框架部分的材料用量，并不比剪力墙部分的材料用量减少很多。随着剪力墙的增多，毕竟材料用量增大，导致基础和地基处理费用增高，而剪力墙少，更有利于建筑平面的灵活布置。可以认为，当建筑物层数不多时，剪力墙还是少设为好。

在框架—剪力墙结构体系中，设置多少剪力墙比较合适，这是必须解决的问题。如果剪力墙布置得太少，将使框架负担过重，截面与配筋量过大，建筑的侧移也必定增大；剪力墙设置得过多，则会导致地震作用过大，而且会因剪力墙的强度得不到充分利用而造成材料的浪费。

在框架—剪力墙结构体系中，剪力墙与框架共同承受水平剪力，在结构布置时，应使大部分水平剪力由剪力墙承受，但框架承受的水平剪力也不应过少，这是因为框架毕竟也具有一定的抗侧刚度。在实际工程中，一般控制在剪力墙承受结构底部剪力的70%左右，框架承受结构底部剪力的30%左右。在结构设计中，根据剪力与刚度的函数关系，可以由二者所承担的剪力比，求出总剪力墙与总框架的平均总刚度比。再根据框架柱的平均总刚度求得所需剪力墙的平均总刚度。

在初步方案设计阶段，剪力墙的数量可以按壁率法确定。所谓壁率，系指同一层平均每单位建筑面积上设置剪力墙的长度。

日本总结了关东、福井和十胜冲三次地震中震害与壁率的关系，发现壁率大于150mm/m^{2}者，建筑物破坏极轻微；壁率大于120mm/m^{2}者，破坏较轻微；壁率大于70～80mm/m^{2}者，破坏不严重；壁率小于50mm/m^{2}者，破坏很严重。对此，可供设计者参考。

在初步设计阶段，剪力墙的布置也可以按剪力墙面积率来确定。所谓面积率，系指同一层剪力墙截面面积与楼面面积之比。根据我国大量已建的框架—剪力墙结构的工程实践经验，一般认为剪力墙面积率在3%～4%较为合适。

显然，整个框架—剪力墙结构的结构布置是否得当，最终应由房屋的侧移验算决定，如不满足侧移要求，尚需做适当调整。

为了保证各片剪力墙和各榀框架的位移相等、协同工作，必须满足楼盖在平面内抗弯刚度无限大的要求，而剪力墙之间的距离，则是楼盖平面刚度及其变形大小的决定因素。所以，必须控制剪力墙之间的最大间距。剪力墙的最大间距由水平作用的性质（风力或抗震设防烈度）和楼盖形式决定。而且，无论水平作用的性质如何，对于现浇楼盖，剪力墙的最大间距，均不得大于楼盖宽度的4倍；对于装配式楼盖，均不得大于楼盖宽度的2.5倍。

三、框架—剪力墙结构中，剪力墙的布置要点

在剪力墙数目初步确定之后，对于整个框架—剪力墙结构中的剪力墙如何布置，便成为结构布置的核心问题。为此，特将剪力墙的布置要点概述如下：

（1）框架—剪力墙结构应设计成双向抗侧力体系。抗震设计时，结构两主轴方向均应布置剪力墙，使结构各主轴方向的侧向刚度和自振周期较为接近；非抗震设计时，当纵向受风面较小，且纵向框架跨数较多时，也允许只设横向剪力墙，纵向为纯框架结构。

（2）在建筑平面上，剪力墙的布置宜均匀、对称，力求其刚度中心与质量中心相重合，以减少整个建筑平面的扭转效应。

（3）为了增大整幢建筑的抗扭刚度，提高房屋的抗扭能力，剪力墙应尽量布置在结构单元和房屋的两端或建筑物的周边附近，最好直接将两端山墙作为剪力墙。当山墙开设洞口较大或较多时，宜将第一道内墙作为剪力墙。但在变形缝处，为便于施工，不宜同时设置两道剪力墙。

（4）为确保楼盖的平面刚度，在其平面形状变化处，宜设置剪力墙。最好将电梯间及楼梯间的墙体作为剪力墙，以弥补楼盖在此处平面刚度的削弱，加强房屋在此处的薄弱环节。当平面形状凹凸较大时，宜在凸出部分的端部附近布置剪力墙。

（5）纵、横剪力墙宜连在一起组成L形、工形和T形等形式，以增强纵、横墙的抗侧刚度。同时，每片剪力墙应在端部与柱连成整体（柱截面也是剪力墙截面的组成部分），否则应在墙端设暗柱。为使结构受力明确、合理，梁与柱或柱与剪力墙的中线宜重合，一般通过柱网轴线。

（6）剪力墙在竖向应贯通全高。当需要在顶部设置大房间时，也应沿高度逐渐减少，避免刚度突变。当剪力墙开洞时，洞口宜上下对齐，以防止地震时因应力集中与变形转折而引起震害。

（7）在长矩形平面或平面有一部分较长的建筑中，其剪力墙的布置，尚宜符合下列要求：

①横向剪力墙沿长方向的间距应满足要求，当剪力墙之间的楼盖有较大开洞时，剪力墙间距应适当减小；

②纵向剪力墙不宜集中布置在房屋的两尽端。

（8）板柱—剪力墙的布置应符合下列要求：

①应布置成双向抗侧力体系，两主轴方向均应设置剪力墙；

②抗震设计时，房屋的周边应设置框架梁，房屋的顶层及地下一层顶板宜采用现浇梁板结构。

③有楼梯、电梯间等较大开洞时，洞口周围宜设置框架梁或边梁；

④无梁楼板，根据设计要求可采用无柱帽板或有柱帽板。

四、框架—剪力墙结构的主要截面尺寸

框架—剪力墙结构，周边有梁、柱的剪力墙，厚度不应小于160mm，且不小于墙净高的1/20。剪力墙中线与墙端边柱中线宜重合，防止偏心。梁的截面宽度不小于$2b_w$（b_w为剪力墙厚度），梁的截面高度不小于$3b_w$。柱的截面宽度不小于$2.5b_w$，柱的截面高度不小于柱的宽度。如剪力墙周边仅有柱而无梁时，则应设置暗梁。

剪力墙不宜开边长超过800mm的洞口，洞口边长小于800mm时，应在洞口四周布置构造钢筋。非抗震设计时，剪力墙水平和竖向分布钢筋配筋率均不应小于0.2%，直径不应小于8mm，且应双排布置；抗震设计时，剪力墙水平和竖向分布钢筋配筋率均不应小于0.25%，直径不应小于8mm，间距不应大于300mm，且应双排布置。

第七节　筒体结构

一、筒体结构的结构类型

（一）核心筒结构

核心筒可以作为独立的高层建筑承重结构，同时承受竖向荷载和侧向力的作用。核心筒具有较大的抗侧刚度，且受力明确，分析方便。核心筒是典型的竖向悬臂结构，属静定结构。

（二）框筒结构

当框筒单独作为承重结构时，一般在中间需布置适当的柱子，用以承受竖向

荷载，并减小楼盖的跨度。侧向力全部由框筒结构承受，框筒中间的柱子仅承受竖向荷载，由这些柱子形成的框架对抵抗侧向力的作用很小，可以忽略不计。

（三）筒中筒结构

将核心筒布置在框筒结构中间，便成为筒中筒结构。筒中筒结构平面的外形宜选用圆形、正多边形、椭圆形、矩形或三角形等。在布置建筑时，一般是将楼梯间、电梯间等服务设施全部布置在核心筒内（又称中央服务竖井），而在内、外筒之间提供环形的开阔空间，以满足建筑上的自由分隔、灵活布置的要求。

（四）框架—核心筒结构

框架—核心筒结构，又称内筒外框架结构。将外筒的柱距扩大至4～5m或更大，这时周边的柱子已不能形成筒的工作状态，而相当于框架作用，借以满足建筑立面、建筑造型和建筑使用功能的要求。

（五）成束筒结构

成束筒结构，又称组合筒结构。当建筑物高度或其平面尺寸进一步加大，以至于框筒结构或筒中筒结构无法满足抗侧刚度要求时，可采用成束筒结构，例如美国西尔斯大厦，高443m，由九个核心筒组合成束。由于中间两排密柱深梁的作用，可以有效地减轻外筒的负担，使外筒翼缘框架柱子的强度得以充分发挥。

（六）多重筒结构

当建筑平面尺寸很大，且内筒较小时，可以在内外筒之间增设一圈柱子或剪力墙，再将这些柱子或剪力墙用梁联系起来，便形成一个筒的作用，从而与内外筒共同抵抗侧向力，这就成为一个三重筒结构。

二、筒体结构的受力特点

筒体结构为空间受力体系，其受力状态，既近似于薄壁箱形结构，又基本属于竖立的悬臂结构。下面仅对矩形平面的框筒结构在侧向力作用下的受力特点，予以概要分析。

框筒结构是由窗裙深梁和密排宽柱组成的空间框架结构体系。一个矩形框筒，可以参照竖立的工字形截面长悬臂柱，将垂直于侧向力作用方向的前后两片框架，视作翼缘框架，将平行于侧向力作用方向的左右两片框架视作腹板框架。

若窗洞较小，则由密柱深梁组成的每榀框架相当于整体剪力墙。那么，整个框筒，如在均布水平风荷载的作用下，各片框架柱的受力状态就与竖立的工字形截面柱的受力状态基本相同；在迎风面的翼缘框架受拉，且每个柱的拉应力相等，在背风面的翼缘框架受压，每个柱的压应力相等；两侧的腹板框架柱，以中和轴为界，靠近迎风面一侧受拉，靠近背风面一侧受压，两侧腹板框架柱的应力，从拉到压呈线性变化。如果按照悬臂梁计算，不难算出翼缘框架柱和腹板框架柱的拉应力和压应力值，以及整个框筒的弯曲变形值。

请注意：这种受力分析的前提是窗裙梁很高，刚度非常大，致使同一片翼缘框架各柱的拉、压变形完全相同，腹板框架柱的变形也按线性变化。

事实上，每层窗裙梁的刚度不可能无限大，当腹板框架提拉或按压角柱时，正是靠角柱与窗裙梁之间的剪力传给翼缘框架中部每一个框架柱的。

由于每段窗裙梁的剪切变形，而形成同一层窗裙梁发生整体弯曲，使得靠近中部各段窗裙梁传给柱节点的剪力（对于柱而言为拉力或压力）迟迟达不到角柱直接传给窗裙梁的剪力值，此即所谓“剪力滞后”。这种“剪力滞后”现象，使得靠近中部各柱的拉伸（或压缩）应变和应力小于角柱的拉伸（或压缩）应变和应力。而且越靠近中部，柱应变和应力越小。由于底层柱的应变和应力最大，需要通过窗裙梁传递的剪力也最大，窗裙梁的剪切变形也最大，所以，这种“剪力滞后”现象，以结构底层最为明显。

由于受剪力滞后效应的影响，使得角柱内的轴力加大。而远离角柱的柱子则仅有较小的应力，材料得不到充分发挥，也减小了结构的空间整体刚度。为了减少剪力滞后效应的影响，在布置结构时，需要采取一系列措施，如减小柱间距，加大窗过梁的刚度，调整结构平面使之接近于正方形，控制结构的高宽比等。

三、筒体结构的结构布置要点

（一）一般规定

（1）核心筒或内筒的外墙与外框柱间的中距，非抗震设计宜不大于15m，抗震设计宜不大于12m；超过时，宜采取增设内柱等措施。

（2）核心筒或内筒中的剪力墙截面形状宜简单，截面形状复杂的墙体，可按应力进行截面设计校核。

（3）核心筒或内筒的角部附近不宜在水平方向连续开洞，洞间墙肢的截面高度不宜小于1.2m，当洞间墙墙肢的截面高度与厚度之比小于4时，宜按框架柱进行截面设计。

（4）楼盖主梁不宜搁置在核心筒或内筒的连梁上。

（5）筒体结构的混凝土强度等级不宜低于C30。

（二）框架—核心筒结构

（1）核心筒宜贯通建筑物全高。核心筒的宽度不宜小于筒体总高度的1/12。当筒体结构设置角筒、剪力墙或增强结构整体刚度的构件时，核心筒的宽度可适当减小。

（2）核心筒应具有良好的整体性，并满足下列要求：

①墙肢宜均匀，对称布置；

②筒体角部附近不宜开洞，当不可避免时，筒角内壁至洞口的距离不应小于500mm和开洞墙的截面厚度；

③核心筒外墙的截面厚度不应小于层高的1/20即200mm，对一、二级抗震设计的底部加强部位，不宜小于层高的1/16即200mm，核心筒内墙的截面厚度不应小于160mm。

（3）框架—核心筒结构的周边柱间必须设置框架梁。

（三）筒中筒结构

（1）筒中筒结构的高度不宜低于80m，高宽比不应小于3。

（2）筒中筒结构的内筒宜居中，矩形平面的长宽比不宜大于2。

（3）内筒的边长可为高度的1/12～1/15，如有另外的角筒或剪力墙时，内筒平面尺寸还可适当减小，内筒宜贯通建筑物全高，竖向刚度宜均匀变化。

（4）三角形平面宜切角，外筒的切角长度不宜小于相应边长的1/8，其角部可设置刚度较大的角柱或角筒；内角的切角长度不宜小于相应边长的1/10，切角处的筒壁宜适当加厚。

（5）外框筒应符合下列规定：

①柱距不宜大于4m，框筒柱的截面长边应沿筒壁方向布置，必要时可采用T形截面；

②洞口面积不宜大于墙面面积的60%，洞口高宽比宜和层高与柱距之比值相近；

③外框筒梁的截面高度可取柱净距的1/4；

④角柱截面面积可取中柱的1～2倍。

此外，框筒外柱的底层部分，必要时，可通过过渡梁、过渡拱等大型梁式构件或采用其他支撑结构以扩大柱距，但柱的总截面面积不应减少。

第八节　多层与高层建筑基础

一、多层与高层建筑基础设计的一般原则

（一）基础设计的一般要求

多层与高层建筑基础设计，应综合考虑建筑场地的地质状况、上部结构的类型、结构体系与作用效应、施工条件与工程造价，确保建筑物在施王与使用阶段不致发生过量的沉降或倾斜，以满足建筑物的正常施工与正常使用的要求。还应注意与相邻建筑的相互影响，了解邻近地下构筑物及其地下设施的位置和标高，确保相邻建筑的稳定与安全。

在地震区的高层建筑，宜避开对抗震不利的地段；当条件不允许避开时，应采取可靠措施，使建筑物在地震时不致由于地基失稳而遭到破坏，或者产生过量的下沉或倾斜。

（二）基础形式与选用

常见的多层与高层建筑基础有条形基础、交叉梁基础、筏形基础、箱形基础

以及桩基础等形式。前四种基础属于浅埋基础，而桩基础一般属于深埋基础。

多层与高层建筑，应采用整体性好、能满足地基承载力和建筑物容许变形要求、并能调节不均匀沉降的基础形式。多层建筑多采用条形基础和交叉梁基础。高层建筑宜采用筏形基础，必要时可采用箱形基础。当地质条件好、荷载相对较小、且能满足地基承载力和变形要求时，高层建筑也可采用交叉梁基础或其他基础形式。当地基承载力或变形不能满足设计要求时，宜采用桩基础。

（三）基础埋置深度

基础应有一定的埋置深度。埋置深度可以从室外地坪算至基础底板底面。高层建筑基础的埋置深度应比一般房屋要深些，当采用天然地基时，高层建筑的基础埋深，一般可取房屋高度的1/15；当采用箱形基础时，基础埋深不宜小于房屋高度的1/12；当采用桩基础时，可取房屋高度的1/18（柱长不计在内）。这样，有助于增强房屋的整体稳定性，有利于吸收地震能量，防止在强大的侧向力作用下，使房屋发生移位、倾斜，甚至倾覆。

（四）混凝土强度等级和抗渗等级

多层建筑基础的混凝土强度等级不应低于C20，高层建筑基础的混凝土强度等级不宜低于C30。当有防水要求时，混凝土抗渗等级应根据地下水最大水头与防水混凝土厚度比值不应小于0.6MPa。必要时可设置架空排水层。

（五）变形缝与后浇缝

高层建筑基础和与其相连的裙房基础，可通过计算确定是否设置沉降缝。当设置沉降缝时，应考虑高层主楼基础有可靠的侧向约束及有效埋深；当不设置沉降缝时，应采取有效措施减少差异沉降及其影响。

当采用刚性防水方案时，同一结构单元的基础应避免设置变形缝。施工时可沿基础长度每隔30～40m留一道贯通顶板、底板及墙板的施工后浇缝，缝宽不宜小于800mm，且宜设置在柱距三等分的中间范围内。后浇缝处底板及外墙宜采用附加防水层，后浇缝混凝土宜在其两侧混凝土浇灌完毕两个月后再行浇灌，其强度等级应提高一级，且宜采用早强、补偿收缩的混凝土。

二、条形基础

（一）条形基础简述

条形基础可将上部结构在一定程度上连成整体，可减小地基的沉降差。当上部结构承受的荷载分布比较均匀，地基条件也比较均匀时，条形基础一般沿房屋的纵向布置；当横向受荷不均匀或地基性质差别较大时，也可沿横向布置。

钢筋混凝土条形基础，一般多用于土质较好、层数不多（8~12层）的非地震区的框架结构房屋。

（二）条形基础设计要点

条形基础基底反力的计算方法，有基床系数法（假定单位面积地基土所受的压力与地基沉降变形成正比——温克尔假定），链杆法（假定基础与地基是变形协调的半无限体）以及力平衡法（假定地基反力呈线性分布）等。

其中，力平衡法认为基础是绝对刚性的，基础本身不产生相对变形，基础下地基土的反力呈线性分布。用这种方法计算基底反力与实际情况相差较大，但由于它计算简单，所以在估算基础尺寸时或在设计刚度较大的一般房屋基础时，也常用这种方法。

三、交叉梁基础

（一）交叉梁基础简述

交叉梁基础又称十字交叉基础或十字形基础。即在房屋的纵、横方向都做成条形基础，整个基础就形成联系在一起的十字形基础。交叉梁基础比条形基础有更大的基础底面积和刚度，可承受更大一些荷载，房屋的沉降量和不均匀沉降也会相对减小。其多用于土质较好的多层框架结构建筑。

（二）交叉梁基础设计要点

上部结构传给交叉梁基础的荷载，主要有轴向力、横向弯矩和纵向弯矩。其作用点一般是在纵、横基础的交叉节点上。

交叉梁基础内力计算的关键，在于如何解决节点处荷载的分配问题。一旦确定了荷载在纵、横两个方向的分配值，交叉梁基础就可以按两个方向上的条形基础各自计算了。

四、筏形基础

（一）筏形基础简述

筏形基础又称片筏式基础。当房屋层数较多、荷载较大、土质较差时，采用条形基础或交叉梁基础已无法满足地基允许承载力的要求，有可能使房屋产生较大的沉降，甚至倾斜，影响安全和使用。这时，可把交叉梁基础底面的空隙全部填实，使整个基础成为一块有较大厚度的钢筋混凝土实心平板，宛如一个放在土壤上的片筏，这就是所谓的片筏式基础。为了进一步增大基础的刚度，减少混凝土用量，也可在柱与柱之间用梁加强基础，做成带梁肋的片筏式基础。前者称为平板式，后者称为梁板式。

平板式筏形基础厚度可达1～3m。这种形式的基础施工方便，建造快，但混凝土用量大，在国外用的较多，国内很少采用。梁板式筏形基础，实质上是一个倒置的肋梁楼盖。这种形式比平板式筏形基础可节约混凝土用量，受力较为合理，但模板及施工稍微复杂些。总之，由于筏形基础整体性较条形基础、交叉梁基础要好得多，能够承受更大的集中荷载和水平荷载，特别是基础形状简单，模板用量少，施工方便，因此，可用在地震区以及任何类型的高层建筑结构体系中。它是目前国内外最常采用的高层建筑基础类型。

（二）筏形基础设计要点

筏形基础设计的重点在于底板的内力计算。而内力计算，如同条形基础一样，其关键又在于如何确定基底反力的大小及其分布状态。基底反力一经确定，则不难求得筏形基础中任一点处的弯矩和剪力。

筏形基础基底反力的计算方法有：应用温克尔假定的基床系数法、应用半无限弹性体假定的链杆法以及应用线性分布假定的力平衡法。由于前两种方法计算繁复，故与条形基础一样，在估算基础尺寸或在设计一般较简单的房屋时，常用力平衡法。

（三）筏形基础的构造要求

筏形基础的一般构造，应符合下列要求：

（1）筏形基础的平面尺寸应根据地基土的承载力、上部结构的布置及荷载的分布等因素确定。其基础平面形心宜与上部结构竖向永久荷载重心重合。

（2）平板式筏形基础的板厚不宜小于400mm。

（3）梁板式筏形基础的梁高取值应包括底板厚度，梁高不宜小于平均柱距的1/6。

（4）当满足地基承载力时，筏形基础的周边不宜向外有较大的伸挑。当需要外挑时，有肋梁的筏基宜将梁一同挑出。周边有墙体的筏基时，筏板可不外伸。

（5）筏形基础的钢筋间距不应小于150mm，宜为200～300mm，受力钢筋直径不宜小于12mm。采用双向钢筋网片配置在筏板的顶面和底面。

五、箱形基础

（一）箱形基础简述

当上部结构传来的荷载很大，需要进一步增大基础的强度和刚度时，如果采用筏形基础，则势必因板厚过大而引起基础本身过大、过重，材料用量过多，很不经济。

箱形基础不仅可以减轻基础自重、节约基础材料用量，而且还具有以下优点：

（1）由于箱形基础刚度大，可以有效地调整基础底面的压力，减少地基不均匀沉降。

（2）由于箱形基础整体稳定性好，埋深加大、重心下移，所以抗震能力强。

（3）由于埋在地面以下的箱形基础，代替了大量的回填土，减少了基底反力，也就等于提高了地基的承载力。

（4）由于箱形基础本身具有较大的空间，故可兼作人防、地下室或设备层使用。但是，箱形基础埋深大，土方量大，施工技术要求和构造要求比其他类型的基础复杂，水泥和钢筋用量也较多，造价较高，所以，一般适用于地基较差、荷载较大、平面形状规则，特别是要求有地下室的高层或超高层建筑中。

（二）箱形基础设计要点

1.基底反力

箱形基础所承受的荷载及由此引起的内力比较复杂。箱形基础的顶板承受来自底层楼面传来的结构自重和活荷载；若箱形基础按地下室考虑，顶板还要承受冲击波及倒塌荷载的作用。箱形基础外墙除承受顶板传来的荷载外，还承受侧向土压力和水压力，如作为地下室使用，还须考虑冲击波的作用；箱形基础的底板承受基底反力与水压力等的作用。箱形基础顶板、底板及墙体的内力不仅与上述荷载的大小及作用方式有关，还与箱形基础本身的刚度大小、上部结构的刚度大小，以及地基土的性质等因素有关。诚然，其中主要因素还是由上部结构传来的荷载而引起的基底反力。

同筏形基础一样，箱形基础基底反力的计算方法也有基床系数法、链杆法与力平衡法。

2.箱形基础的内力计算要点

箱形基础作为一个整体，在基底反力、水压力与上部结构传来的荷载作用下，相当于盒子式结构，整个箱形基础将发生弯曲，称为整体弯曲，由此产生的弯矩，称为整体弯矩。与此同时，顶板和底板各自在上部荷载和基底反力、水压力的直接作用下，也将发生弯曲，称为局部弯曲，由此产生的弯矩，称为局部弯矩。

当上部结构为现浇剪力墙结构体系时，由于剪力墙与箱基墙体相连，可认为箱形基础的抗弯刚度为无限大，不发生整体弯曲。因此，顶板与底板，只需按以墙体为支座的平面楼盖计算板的局部弯矩。顶板按上部实际荷载计算，底板按基底反力计算。

箱形基础的整体弯矩和剪力，是将整个箱形基础视为一个静定梁来计算，其局部弯矩和剪力，是按以墙体为支座的平面楼盖计算。在整体弯矩作用下，箱形基础按工字形截面梁计算配筋（截面上、下翼缘宽度取顶板、底板的全宽，腹板厚度取受弯方向所有墙体厚度的总和）；在局部弯矩作用下，顶板和底板分别按矩形截面受弯构件计算配筋。最后将二者叠加，作为顶板和底板的最后配筋。此外，尚应验算顶板和底板的厚度是否符合构造要求，以及底板的厚度是否满足冲切要求等。

箱形基础的墙体，在上部竖向荷载作用下会产生轴向压力，在水平荷载（如土压力、水压力等）作用下，外墙还会在两个方向上分别产生水平弯矩和竖向弯矩（可按四边支承的双向板计算）。然后，再按水平弯矩配置横向钢筋，按竖向弯矩和轴向压力共同作用配置竖向钢筋。此外，尚应验算在整体剪力作用下，墙身截面尺寸与配筋是否满足抗剪强度计算要求和构造要求等。

（三）箱形基础的构造要求

箱形基础的一般构造，应符合下列要求：

（1）箱形基础的平面尺寸，应根据地基的承载力、上部结构的布置及荷载的分布等因素确定。其基础平面形心宜与上部结构竖向永久荷载重心重合。

箱形基础的平面形状应简单规整，而且在同一个结构单元中，不宜采用局部箱形基础；同一箱形基础也不宜采用不同的基础高度和不同的埋置深度，以避免基础刚度相差悬殊和地基的不均匀沉降。

（2）箱形基础的埋置深度，除与工程地质及水文地质条件有关外，还与施工条件、地下室高度、地基承载力所需补偿的程度等因素有关。一般约为整个房屋总高的1/12 ~ 1/10，且不应小于1/12。

（3）箱形基础的高度，应满足结构的承载力和刚度要求，并根据建筑使用要求确定，一般不宜小于箱基长度的1/20，且不宜小于3m。此处箱基长度不计墙外悬挑板部分。

第四章　建设工程项目管理组织

第一节　项目组织概述

一、组织的含义

“组织”一词，其含义比较宽广。人们通常认为“组织”一词有两层意义。其一为“组织工作”，具有动词意义，表示对一个过程的组织，对行为的筹划、安排、协调、控制和检查。组织结构一般又称为组织形式，即管理活动职能的横向分工和层次划分。一定的组织结构包含相应的运行规则和各种管理职能规则即工作规则，通过这些规则的运作，发挥项目管理的高效率作用。

“项目组织”主要是指为完成特定的项目任务而建立起来的从事项目具体工作的组织。项目组织是在项目寿命期内临时组建的，是暂时的，是为达到特定的目标，由目标产生工作任务，由工作任务决定承担者，由承担者形成组织。

组织是管理的一种重要职能。从这个方面理解，其一般概念是指各生产要素相结合的形式和制度。通常，前者（形式）表现为组织结构，后者（制度）表现为组织的工作规则。组织不但贯穿于管理活动的全过程和所有方面，随着其中各种因素的变化而变化，而且本身也是一个系统的概念。由于生产要素的相互结合是一个不断变化的过程，所以组织也是一个动态的管理过程。项目组织首先作为组织而言，客观上同样存在组织设计、组织运行、组织调整和组织终结的寿命周期，要使组织活动有效地进行，就需要建立合适的组织结构。

二、传统项目组织的没落与新型项目组织的兴起

（一）传统项目组织的缺陷

传统的管理组织理论把组织看作一种特殊的程序技术，它把对任务的逻辑性的要求放在最重要的地位上，而忽视了人在组织中的特殊行为特点。企业组织不仅包括人，还包括各种实物手段。在这种管理组织理论中，人被看作抽象的任务承担者，缺乏主观能动性，被所有者拥有。传统的项目组织建立在所有权基础上，被所有者拥有、控制，靠命令与控制运行，旨在长久维持现状，企业运作和经营是持续的、周期性的。传统的企业组织结构是以职能、地理、生产或经营过程作为划分组织单元的依据。这种组织适应标准化的连续生产过程，是刚性的，产品单一，生产转向困难，反馈慢，工作人员从事重复的枯燥乏味的工作，生产积极性和创造性受到制约，很难提高。

传统的企业管理是由企业高层领导制订战略，明确目标及其优先级，然后指挥下级开展工作。这种组织中的关系复杂、效率低下，容易僵化和官僚化。

传统工程指挥部这种组织结构虽然要求信息沟通，但联系环节薄弱，反馈不迅速，各部门关联性差，一般只与指挥长等上层机关形成隶属组织关系，其管理有较浓厚的长官制色彩。

（二）新型项目组织的应用

传统公司组织越来越不能适应复杂的项目结构及目标要求，现代社会的需求日益呈现多样性，科学技术在不断地飞速发展，新技术、新工艺、新产品在不断地涌现，使产品寿命周期在不断缩短，产品更新换代加快，呼唤新型项目组织结构成为一种必然。而项目组织作为一种新的运作模式，能较好地适应这种变化。当工程项目庞大、复杂（过程交叉，各种技术相互依存），存在多个目标因素，需要各部门和各学科之间的综合协调时，项目组织和管理方法的应用就十分有效。

新型项目组织是对项目最终成果负责的组织，它打破了传统的组织界限。其生产过程和任务可以由不同部门甚至不同企业承担，形成一个新的独立于职能部门的项目管理部门，通过综合、协调、激励，共同完成目标。

新型项目组织以社会学以及社会心理学方面的组织理论为基础，把人看作

一个组织的本质因素，并由此把研究重点放在对组织内部人们行为关系的研究上。项目组织强调“目标—任务—工作过程—人员”这种过程化的管理，组织不再被认为是由静止的结构和角色所组成，而被看作一系列活动的过程流。这样的转变，能使公司活力增强、人员精简、组织层次减少。项目组织关系是同盟、合资、伙伴、合作、合同关系。这种关系立足于共同目标、共同信念和利益共享，甚至可以通过国际合资或合作等形式组成。

第二节　项目组织结构类型及选择

一、项目组织结构的类型

项目组织结构一般有五种类型：职能式、项目式、弱矩阵式、平衡矩阵式、强矩阵式。不同组织结构所配备人员的职能，尤其是项目经理的职能特征有所不同，并且按以上顺序呈现从弱到强的趋势。

职能式组织和弱矩阵式组织具有兼职的项目协调员，而平衡矩阵式、强矩阵式和项目式组织具有全职的项目经理。项目协调员和项目经理不同，表现为综合协调项目与实际做出决策之间的差别。职能式组织中项目几乎没有自己的全职工作人员，而项目式组织中，绝大多数是全职工作于项目中的成员。在矩阵式组织中，“强”和“弱”是用来说明矩阵式结构中集成化职能的相对尺度和力量的。

职能式组织结构，最早是由美国学者泰勒提出的。而组织理论之父德国人韦伯首先对企业组织结构进行了研究，并明确了职能部门的参谋作用，提出将德国陆军的有效组织模式引入企业中，弥补了泰勒理论的不足。职能式组织系统设计最初目的是实现专业化分工的规模经济，但它现在已成为世界上较普遍的组织形式。职能式组织结构的特点是每个职员有明确的上级，强调管理职能的专业化分工，同时将注意力集中在本部门，即将管理职能授权给不同的专业部门，有利于发挥专业人才的作用，有利于专业人才的培养和技术水平的提高，这也是管理专业化分工的结果，当然也是人类在组织管理方面的一次进步。

（1）职能式组织结构的优点具体如下：

①专业人员的分工明确，专业性强，使用上具有较大的灵活性。

②技术专家专业化程度高，可以同时被不同的项目所使用。

③同一部门的专业人员在一起易于交流知识和经验，能使项目获得部门内所有的知识和技术支持，对创造性地解决项目的技术问题非常有帮助。

④职能部门拥有职权，可作为保持项目技术连续性的基础。

（2）职能式组织结构的缺点具体如下：

①职能部门没有将客户作为关心的焦点，工作方式带有本位主义倾向，而不是面向问题或面向客户。

②多头领导。命令多元化，各层领导的责任心减弱，责任不明确，使得部门间协调的代价很高，一旦出事，容易互相推诿，不可避免地出现部门间的相互竞争和摩擦。

③职能部门对待项目的趋利观念较浓，调配给项目的人员，其积极性与项目性质有关，可能厚此薄彼，影响工作效率。

④项目需要团队成员的协作，但他们往往只关注本部门的局部利益，而忽略项目的总目标，造成项目的沟通困难。

职能式组织结构比较适合重复性工作性质的管理，有些中小企业往往具有类似特点，比如，在加工业、产品制造业以及大多数公共部门，我国许多企业采用这种组织形式。

二、项目式组织结构

当环境发生很大变化时，专业分工和集中管理所带来的问题便突出了。例如，在现场或基层从事实际工作的人员，对这些变化比较敏感，能很快做出决策，但某些重大问题他们必须请示上级领导，等决策返回时，最佳时机已经过去。但如果将决策权下放给基层人员，由于他们往往对全局了解不够，可能会做出目光短浅的决定，这就形成了两难的问题。拓宽基层人员视野是解决矛盾的方法，因此，采用项目式组织结构便成为必要。

项目式组织结构与职能式组织结构截然相反，项目从公司组织分离出来，作为独立的单元，有其自己的技术人员和管理人员。有些公司对项目的行政管理、财务、人事及监督等方面做了详细的规定，而有些公司则在项目的责任范围内给予项目充分的自主权，还有一些公司采取了介于这两者之间的做法。

（一）项目式组织结构的优点

（1）突出个人负责制。项目经理对项目全权负责，项目组的所有成员直接对项目经理负责，项目经理是项目的真正领导人，享有最大限度的自主权，可以调用整个组织内部或外部的资源。

（2）在项目式组织结构中，项目目标是单一的，项目成员能够明确理解并集中精力于这个单一目标，团队精神得以充分发挥。

（3）权力的集中使决策的速度得以加快，每个成员只有一个上司，便于命令的协调一致，避免了多重领导、无所适从的局面，整个项目组织能够对客户的需求和高层管理者的意图做出更快的响应。

（4）结构简单灵活、易于操作，在进度、成本和质量等方面的控制也较为灵活。

（5）项目从职能部门中分离出来，使得沟通途径变得简单，项目经理可以避开职能部门直接与公司的高层管理者进行沟通，提高了沟通的速度，也避免了沟通中的错误。

（6）当存在一系列类似项目时，可以保留一部分在某些技术领域具有很好才能的专家作为固定的成员，这种技能储备有利于项目成功，为公司争得荣誉，吸引更多的客户。

（二）项目式组织结构的缺点

（1）由于项目组的成员都是全职，当一个公司有多个项目时，项目式组织结构要汇集大量专业人才，这种结构只局限于大公司或部门有较大型项目时采用，如建筑业及航空航天业，这类公司的大型项目成本高、时间跨度长。

（2）为了满足项目的需要，保证项目在关键时能及时得到所需的专业技术人员及设备等，项目经理往往需要提前储备资源，而且聘用或使用的时间比项目需要他们的时间更长，可能造成资源的浪费。

（3）由于项目各阶段的工作重心不同，会使项目团队各个成员的工作出现忙闲不均的现象，一方面影响了员工工作的积极性，另一方面也造成了人才的浪费。

（4）由于各项目组互相孤立，项目经理之间可能会为争夺资源而产生矛盾，导致资源重复配置，设备和人员不能在项目间共享，不利于人才的全面培养。

（5）容易造成在公司规章制度执行上的不一致性。在相对封闭的项目环境中，借口应付客户或技术上的紧急情况，行政管理上的省工减料时有发生。

（6）在项目式组织结构中，项目团队只承担自己的工作，成员与项目之间以及成员相互之间都有着很强的依赖关系，但项目成员与其他部门之间却有着较清的界限，这种界限不利于项目与外界的沟通，同时也容易引起不良的矛盾和竞争。

三、矩阵式组织结构

职能式组织及项目式组织是两种极端的情况，而矩阵式组织是两者的结合，它在职能式组织的垂直层次结构上，叠加了项目式组织的水平结构。矩阵式组织结构是最大限度地发挥项目式和职能式组织的优点，尽量避免其缺点而产生的一种组织方式。矩阵组织是各种组织结构中最机动灵活的组织形式，它可以使企业对影响其成败的各种关键问题做出反应，尤其适合工作任务不稳定情况下的工程项目。例如，在大型综合项目中，对于费用、进度以及性能指标要求严格控制的水利电力工程、隧道桥梁工程、航空航天工业等，矩阵组织常常是很好的组织结构，这对项目计划管理、团队和职能管理都有好处。在矩阵式组织结构中，项目经理仅对某些最后结果感兴趣（如成本、进度、性能、结构、计划等），职能部门经理则要提出企业的长期发展计划、使用各种设备计划、草拟未来方案等，并在这几个方面保持一定的技术水平。根据项目组织中项目经理和职能经理责、权、利的大小，又可以分为弱矩阵式、强矩阵式和平衡矩阵式三种形式。

1.弱矩阵式组织

这是偏向职能式的矩阵形式。由一个项目经理来负责协调各项项目工作，项目成员不是从职能部门直接调派过来，而是利用他们在职能部门为项目提供服务。项目所需要的资源（仪器仪表、计算机软件、产品测试及其他服务），都可由相应职能部门提供。项目经理没有权力来确定资源在各个职能部门分配的优先程度，项目经理有职无权。但他的谈判能力是非常重要的，因为弱矩阵式项目的成功更依赖于属于项目的少数几个技术专家，项目经理需要有很强的谈判能力去争取经验丰富的技术专家，并设法使职能部门保证按时完成任务。

近年来弱矩阵式组织结构被越来越多地使用。在许多公司中，弱矩阵式项目组织结构的普遍做法是：项目只设1位项目经理和1～2位全职的关键成员，其他各种支持和服务都由公司的其他部门提供。这种结构在计算机软件开发项目中很普遍。例如，一个软件项目可以只包括项目经理和少数集成测试人员，大量的编程工作可由开发部门去完成，而不是将编程人员直接调派给项目。开发部门根据要求将编制好的程序提交给项目。

2.强矩阵式组织

强矩阵形式类似于项目式组织，但项目并不从公司组织中分离出来作为独立的单元。其人员来自他们各自所属的部门，根据项目的需要，全职或兼职地为项目工作。项目经理主要负责项目，职能部门经理辅助分配人员。项目经理对项目可以实施更有效的控制，但职能部门对项目的影响却在减小。项目经理决定什么时候做什么，而职能部门经理决定将哪些人员派往项目，要用到哪些技术，为项目经理做好后勤工作、当好参谋。项目经理重权在握，是项目的权力中心，项目的成败取决于项目经理。项目经理责任重大，必须善于授权，充分授权，发挥团队成员的积极性，而职能部门经理往往是配角。

3.平衡矩阵式组织

平衡矩阵式是处在这两个极端之间的组织结构，项目经理和职能部门经理的职责组合可以有多种形式。项目经理负责监督项目的执行，各职能部门经理对本部门的工作负责。项目经理负责项目的进度和成本，职能部门经理负责项目的界定和质量。一般来说，平衡矩阵很难维持，因为它主要取决于项目经理和职能经理的相对力度。矩阵式组织中，许多员工同时属于两个部门——职能部门和项目部门，要同时对两个部门负责。

以上三种矩阵式组织结构具有以下优点。

（1）各职能部门之间的沟通得到加强，团队成员既归属于职能部门管理，又参与项目部门的工作，形成了横向与纵向的沟通。

（2）具有项目式组织的长处，将项目作为工作的重点，项目经理负责管理整个项目，确保项目的成功，保证在规定的时间、经费范围内完成项目的要求。

（3）能以尽可能少的人力，实现多个项目管理的高效率。通过职能部门的协调，一些项目上的闲置人才可以及时转移到需要这些人才的项目中，防止人才短缺，项目组织因此而具有弹性和应变力。这样可以使资源的利用率提高，平衡资源需求以保证各个项目完成各自的进度、费用及质量要求，减少人员冗余。

（4）有利于人才的全面培养，可以使不同知识背景的人在合作中相互取长补短，在实践中拓宽知识面；发挥了纵向的专业优势，可以使人才成长有深厚的专业训练基础。

四、项目组织类型的选择

组织者在选择及获得有效组织结构的努力中，一般总要面临这样的问题，即要权衡两个彼此相悖的运动趋势（组织的稳定性和适应能力）才能得到一个最佳的解决方案。一方面，要达到对组织结构进行顺利协调和稳定性的目标；另一方面，过于严格的控制又会降低组织系统的适应能力。因此，现代企业所处的环境要求其组织系统的设置既要注意到组织结构的稳定性，又要使它具有必要的适应能力。但是，在实践中，由于人们在组织控制形式可以选择的情况下，为了做出一种合理选择所需要的对实现组织目标的效率的认识还有局限性，因此，这种在组织结构的稳定性与适应性之间存在的两难问题是很难彻底解决的，目前的组织理论只能部分地解决问题。由于受历史条件的限制，如何确定项目组织结构，取决于项目的类型及项目运转环境中的关键因素。我们可以将项目的特征及关键因素罗列出来，这将有助于在特定组织结构和环境条件下选择适宜的项目组织结构。可归纳为如下几个基本点。

（1）职能式组织结构适宜简单、规模小、对时间要求宽松、采用成熟技术、变化不大的项目，例如，纯建筑性项目或需要在设备或厂房进行大量投资的项目，均适合采用职能式组织结构。

（2）项目式组织结构适合于一个公司中包括多个相似项目，例如：多个大型合成氨项目的兴建，多个建筑项目的施工；对那些不确定性因素多、长期的、大型的、重要的和复杂的项目，也应采用项目式组织结构。

（3）矩阵式组织结构适合于充分合理利用企业资源的项目，能使若干项目共享人力资源和物质资源。技术复杂、规模大、不稳定、波动大的项目也适合这种组织结构。但矩阵式组织结构的管理较复杂，项目经理的能力将经受考验。

第三节　工程项目组织结构类型及选择

一、建立工程项目组织结构的基本原则

要实现工程项目目标，其组织必须是高效率的。项目组织的设置和运行必须符合组织学的基本原则，但对于工程项目而言，这些基本原则又有其特殊性。从现代化管理的理论和实践来看，建立工程项目组织结构，必须遵循下述一般原则。

（一）目的性原则

即组织结构要反映公司的目标和计划，因为公司的活动是从目标和计划而来的，在进行组织设计时，首先应根据目标而设事，因事而设机构及划分层次，设定岗位及相应的责任，因责而授权，做到责权明确、责权统一。

（二）管理跨度原则

即有效管理幅度原则。管理跨度是指一个领导者所直接领导的人员数量。科学的管理跨度加上适当的管理层次划分和适当的授权，是建立高效率组织机构的基本条件。高效率应以良好的信息沟通为前提，而出色的沟通是在有效的范围内实现的。为了有效控制，必须做到全过程及全局的控制。失控是失败的先兆，保持控制才能实现目标。合理的管理跨度有助于实现有效的控制，这里关键的问题在于信息的沟通，所以组织结构设计还必须考虑各种报告、汇报的方式、方法和制度。

（三）需要导向原则

即要根据工作需要设计组织结构。不论组织整体、部门、职位的设计，层次的安排，需要人员的条件、数量等，都必须有十分明确的目的，而不能盲目、机

械地模仿。

（四）统一指挥原则

统一指挥原则的实质，就是必须保证决策指挥的统一。组织结构中要有合理的层次、位置的安排，使用能够担负起责任并在责任范围内具有权威的人员，使其具有相应的决策权和指挥权。建立起严格的责任制，消除多头领导和无人负责的现象，且必须防止走极端。只强调统一指挥，而不能发挥每个人的专长，压抑人员主动性与创造精神的组织是难以实现其目标的。所以，组织结构中既要有适当的授权，又要有适当的分权。

（五）分工协作与精简原则

分工协作是社会化大生产的客观要求。根据这一原则，需做到分工要合理，协作要明确。对于每个部门和每个职工的工作内容、工作范围、相互关系、协作方法等，都应有明确规定。精简就是保证职能和工作在按质按量完成的前提下，用尽可能少的人去完成工作。简化机构，减少层次，严格控制二、三线人员，把“一专多能”作为用人的标准。

（六）责权利相对应原则

这个原则要求职务要实在、责任要明确、权力要恰当、利益要合理。必须创造人尽其才的环境，在设置职务时，做到有职就有责，有责就有权。有责无权和责大权小，会导致负不了责任，并且会束缚管理人员的积极性、主动性和创造性；而责小权大，甚至无责有权，又难免会造成滥用权力。

工程项目的组织管理体制是管理的核心问题，对工程项目能否高效率、高水平地建成起着决定性的作用。工程项目的组织管理体制原则上分为两个类型：一是建设单位（在合同中称为“甲方”）的工程项目组织类型；二是承包单位（在合同中称为“乙方”）的工程项目组织类型。两者以一定的组织形式结合在一起，共同组成工程项目组织系统。由于甲、乙双方在项目建设中所处的地位、承担的责任和实现的目标有一定区别，因此组织机构的设置是不同的。工程项目管理的成败，关键在甲方。为了对工程项目进行管理，业主作为工程项目的拥有者、使用者，可以派下属专业人员直接加入甲方项目管理机构，或者委托外部工程项目管理机构代业主进行管理。下面分别就传统的工程项目组织管理体制和改革，以及科学的工程项目管理体制的建立问题予以介绍。

二、甲方组织机构的演化与发展

项目甲方的组织机构变迁与我国投资管理体制关系极为密切。新中国成立后约有30年的时间实行计划投资管理体制，这种传统的工程项目组织管理体制原则上是适应中央计划经济及产品经济模式的体制，以行政手段为主进行管理。国家是建设项目唯一的投资主体，因此，对基础设施和基础工业项目，大都以项目的主管部门为主体，组建多种形式的工程指挥部，由工程指挥部负责工程实施。这种管理体制曾经对我国的基本建设起过积极作用。

随着社会主义商品经济的发展，基建管理体制的改革以及管理现代化的要求，传统的指挥部负责制式的甲方工程项目组织管理机构越来越不能适应形势发展，在改革和完善的过程中不断更新管理体制。新的科学的工程项目管理体制是对一般工业投资项目在推行招标承包制基础上由企业采用自组织方式管理，或能力不足时采用交钥匙方式管理。随着管理体制的深化改革，工程监理代理制被引入项目的实施管理中。下面介绍甲方的几种组织形式。

（一）企业常设基建部门负责制

这种工程项目管理班子实际上是企业内的一个基建部门。为了组织项目建设，在企业内部专门建立常设的基建处室，直属企业经理领导，负责一次性工程项目建设的组织工作和经常性改建与修复工作。这种体制将工程项目建设和工业生产混在一起，属于专业化分工程度低，管理效率不高的封闭式的、小生产方式的管理体制。目前多数企业已将这种管理体制淘汰。

（二）指挥部制

指挥部制具体分为以下四种情况。

1.企业指挥部

这种指挥部负责制是在产品经济模式和以行政手段管理为主的情况下形成的。管理体制是由企业自身组织一次性的项目管理班子，业主委派负责人。对设计、施工进行监督管理，同时对工程项目实务及乙方实施具体管理。其优点是管理班子直接代表业主利益，中间环节少，乙方直接受命于业主，沟通方便，容易协调参加工程项目各方面的关系。便于统一指挥，有利于资源的调配和管理。传统的指挥部负责制的管理体制的缺点是临时性，参加人员“临时”观念强，且具有不同的业务经历和隶属关系，组织关系松散，往往只有一次性教训，没有二次经验，难以对项目进行有效管理和控制。此外，它不是一个经济实体，不具备法人资格，责权利不统一，受行政干预较多，工程建设往往违背项目建设规律，且效益不高。

2.现场指挥部

在压缩基本建设规模、加强中央统一计划领导的形势下，由国家计委党组发出通知，对重大工程项目成立“基本建设指挥部”，进行项目管理。

工程指挥部是由建设单位、设计单位、施工单位、项目所在地党委及物资、银行等有关部门的代表组成，实行党委领导下的首长负责制。指挥部统一指挥设计、施工、物资供应、地方支援等工作，它类似于军事组织，是一种临时组织。

这种组织形式的优点是：指挥部权威很大，用行政手段把建设系统与建设的环境系统联系在一起，可在一定程度上改变环境，以适应工程建设的需要。因此，这种组织形式有利于工程建设的顺利实施。它的缺点是：指挥部不是靠合理协调有关各方的经济利益和责权利关系，而是靠行政手段结合在一起。因此，参加指挥部的各方失去了独立性，分工协作效率低，系统动作效率也低，总指挥部下设的各分指挥部之间的横向联系很困难，工程实施协调难度大。

3.常设工程指挥部

一些大型基础设施和基础工业工程项目建设中开始采用一种常设的项目管理机构——常设工程指挥部。它作为政府的派出机构，拥有代表政府管理项目的一切权力，负责对大型重点工程项目实施统筹管理、协调控制。这种指挥部权威大、权力集中、职能专一、机构健全、人员稳定，在管理体制上采用行政手段，靠政府的权力管理项目。从职责上看，它只对项目的按期竣工和工程质量负责，不承担项目的经济责任。

4.工程联合指挥部

随着改革开放的不断发展，项目建设中实施招投标制度和合同制度，在建筑行业引入了竞争机制。由于合同法和经济司法机构不健全，所以在履约中出现的矛盾没有强有力的仲裁机构解决。在这种形势下，仍然需要靠行政手段以命令形式或行政协调方式来解决各种矛盾，于是出现了一种以经济手段和行政手段相结合的项目管理组织形式——工程联合指挥部。在经济上，指挥部与政府主管部门和建设单位之间实行预算包干办法。

它的缺点是：工程联合指挥部由项目有关各方的代表组成，组织结构松散，各方联系薄弱，行政干预多；它不是一个经济实体，不能独立承担经济责任；各方权责不统一，甲方权小责大。

（三）建设单位自组织方式

建设单位自组织方式是针对中、小型项目，工程内容不太复杂时由企业临时组建项目指挥班子，具体工作由基建处及处下设的计划、预算、设备、材料及工程科室负责组织项目实施，具体工作包括项目的协调运筹、工程勘察设计、施工前期管理（包括发包、招投标办法制订），聘请监理机构协助工程监督、监理。这是大多数工业企业对中、小型项目实行的项目管理办法。

（四）交钥匙管理方式

这种方式是由建设单位提出项目的使用要求，把项目管理工作一揽子包出去，将项目可行性研究、勘察设计、设备选购、工程施工、试生产验收等全部工作委托给大承包公司去做，工程竣工后接过钥匙即可启用，这种管理方式也叫“全过程承包”或“一揽子承包”。承担这种任务的承包商可以是一体化的设计施工公司，也可以由设计单位、器材供应商、设备制造厂及咨询机构等组成“联合体”。

（五）工程建设监理代理制

工程建设监理制是国际上通行的工程管理方式，在国际上把监理单位称为“工程师单位”。它是指建设单位分别与承包商和监理机构签订合同，由监理机构全权代表建设单位对项目实施管理，对承包商进行监督。这时建设单位不直接管理项目，而是委托企业外部的专门从事项目管理的经济实体——监理机构来全权代表业主对项目的全部目标、全过程及项目的各个方面，实施全权组织、管理、监督、协调、控制。在这种方式下，项目的拥有权与管理权相分离，业主只需对项目制订目标、提出要求，并负责最后工程的验收。

监理单位具有工程项目管理的专门知识，拥有经验丰富的人才，属于智力密集型的项目管理经济实体。这种经济实体是独立于业主和承包商的第三方法人，具有工程技术监理和项目管理的双重职能。

第四节 建筑工程项目经理

一、项目经理

（一）项目经理的概念及其所需素质

1.项目经理的概念

施工企业通过投标获得工程项目后，就要围绕该项目设立项目经理部，并通过一定的组织程序聘任或任命项目经理。项目经理上对企业和企业法定代表人负责，下对工程项目的各项活动和全体职员负责。项目经理既是实施项目管理活动的核心，担负着对施工项目各项资源（如机械设备、材料、资金、技术、人力资源等）的优化配置及保障施工项目各项目标（如工期、质量、安全、成本等）顺利实现的重任，又是企业各项经济技术指标的直接实施者，在现代建筑企业管理中具有举足轻重的地位。从一定意义上讲，项目经理素质的高低，在一定程度上决定着整个企业的经营管理水平和企业整体素质。

项目经理是指企业法定代表人在建设工程项目上的授权委托代理人。项目经理受企业法定代表人委托和授权，在建设工程项目施工中担任项目经理岗位职务，是直接负责工程项目施工的组织实施者，对建设工程项目实施全过程、全面负责的项目管理者。项目经理是建设工程施工项目的责任主体。

2.项目经理所需的素质

项目经理是决定项目管理成败的关键人物，是项目管理的柱石，是项目实施的最高决策者、管理者、协调者和责任者，因此必须由具有相关专业执业资格的人员担任。

项目经理必须具备以下良好的素质。

（1）具有较高的技术、业务管理水平和实践经验。

（2）有组织领导能力，特别是管理人的能力。

（3）思想素质好，作风正派，廉洁奉公，政策性强，处理问题能把原则性、灵活性和耐心结合起来。

（4）具有一定的社交能力和交流沟通能力。

（5）工作积极热情，精力充沛，能吃苦耐劳。

（6）决策准确、迅速，工作有魄力，敢于承担风险。

（7）具有较强的判断能力、敏捷思考问题的能力和综合概括的能力。

3.项目经理的选择方法

项目经理是决定“项目法”施工的关键，在推行项目经理责任制时，首先应研究如何选择出合格的项目经理。选择项目经理一般有以下四种方式。

（1）行政派出，即直接由企业领导决定项目经理人选。

（2）招标确定，即通过自荐、宣布施政纲领、群众选举、领导综合考核等环节产生。

（3）人事部门推荐、企业聘任，即授权人事部门对干部、职工进行综合考核，提出项目经理候选人名单，提供领导决策，领导一经确定，即行聘任。

（4）职工推选，即由职工代表大会或全体职工直接投票选举产生。

（二）项目经理的基本工作

1.规划施工项目管理目标

（1）施工项目经理应当对质量、工期、成本、安全等目标做出规划。

（2）应当组织项目经理班子成员对目标系统做出详细规划，绘制目标系统展开图，进行目标管理。规划做得如何，从根本上决定了项目管理的效能。

2.选用人才

一个优秀的项目经理，必须下功夫去选择好项目经理班子成员及主要的业务人员。项目经理在选人时，首先要掌握“用最少的人干最多的事”的最基本效率原则，要选得其才，用得其能，置得其所。

3.制定规章制度

项目经理要负责制定合理而有效的项目管理规章制度，从而保证规划目标的实现。规章制度必须符合现代管理基本原理，特别是“系统原理”和“封闭原理”。规章制度必须面向全体职工，使他们乐意接受，以有利于推进规划目标的实现。

项目经理除上述所说的基本工作外，还有日常工作，主要包括以下内容。

（1）决策。项目经理对重大决策必须按照完整的科学方法进行。项目经理不需要包揽一切决策，只有如下两种情况要做出及时明确的决断：一是出现例外性事件；二是下级请示的重大问题，即涉及项目目标的全局性问题，项目经理要明确及时做出决断。项目经理可不直接回答下属问题，只直接回答下属建议。决策要及时、明确，不要模棱两可。

（2）联系群众。项目经理必须密切联系群众，经常深入实际，这样才能发现问题，便于开展领导工作。要帮助群众解决问题，把关键工作做在最恰当的时候。

（3）实施合同。对合同中确定的各项目标的实现进行有效的协调与控制，协调各种关系，组织全体职工实现工期、质量、成本、安全、文明施工目标，提高经济利益。

（4）学习。项目管理涉及现代生产、科学技术、经营管理，往往集中了这三者的最新成就。事实上，群众的水平是在不断提高的。项目经理如果不学习不提高，就不能很好地领导水平已经提高了的下属，也不能很好地解决出现的新问题。因此，项目经理必须不断抛弃陈旧的知识，学习新知识、新思想和新方法，要跟上改革的形势，推进管理改革，使各项管理能力与国际惯例接轨。

（三）项目经理的地位

1.项目经理是施工工程中责、权、利的主体

（1）项目经理是项目中人、财、物、技术、信息和管理等所有生产要素的组织管理人，他不同于技术、财务等专业的负责人，必须把组织管理职责放在首位。项目经理首先必须是项目实施阶段的责任主体，是实现项目目标的最高责任者，而且目标的实现还应该不超出限定的资源条件。其责任是实现项目经理责任制的核心，责任构成了项目经理工作的压力，是确定项目经理权力和利益的依

据。对于项目经理的上级管理部门来说，最重要的工作之一就是把项目经理的这种压力转化为动力。

（2）项目经理必须是项目的权力主体。权力是确保项目经理能够承担起责任的条件与手段，所以权力的范围必须视项目经理责任的要求而定。如果没有必要的权力，项目经理就无法对工作负责。项目经理还必须是项目的利益主体。利益是项目经理工作的动力，是因项目经理负有相应的责任而得到的报酬，所以利益的形式及利益的多少也应该视项目经理的责任而定。项目经理必须处理好与项目经理部、企业和职工之间的利益关系。

2.项目经理是各种信息的集散中心

自上、自下、自外而来的信息通过各种渠道汇集到项目经理处，项目经理又通过报告和计划等形式对上反馈信息、对下发布信息。通过信息的集散达到控制的目的，使项目管理取得成功。

3.项目经理是协调各方面关系的桥梁与纽带

项目经理对项目承担合同责任，履行合同义务，执行合同条款，处理合同纠纷，是协调各方面关系的桥梁与纽带。

4.项目经理是项目实施阶段的第一责任人

从企业内部看，项目经理是施工项目实施过程中所有工作的总负责人，是项目动态管理的体现者，是项目生产要素合理投入和优化组合的组织者。

从对外方面看，企业法定代表人不直接对每个建设单位负责，而是由项目经理在授权范围内对建设单位直接负责。由此可见，施工项目经理是项目目标的全面实现者，既要对建设单位的成果性目标负责，又要对企业的效益性目标负责。

（四）项目经理的职责、权限与利益

1.职责

（1）按“项目管理目标责任书”处理项目经理部与国家、企业、分包单位以及职工之间的利益分配。

（2）代表企业实施施工项目管理，贯彻执行国家法律、法规、方针、政策和强制性标准，执行企业的管理制度，维护企业的合法权益。

（3）建立质量管理体系和安全管理体系并组织实施。

（4）组织编制项目管理实施规划。

（5）履行“项目管理目标责任书”规定的任务。

（6）在授权范围内负责与企业管理层、劳务作业层、各协作单位、发包人、分包人和监理工程师等的协调，解决项目中出现的问题。

（7）对进入现场的生产要素进行优化配置和动态管理。

（8）进行现场文明施工管理，发现和处理突发事件。

（9）参与工程竣工验收，准备结算资料和分析总结，接受审计，处理项目经理部的善后工作。

（10）协助企业进行项目的检查、鉴定和评奖申报。

2.权限

（1）参与项目招标、投标和合同签订。

（2）参与组建项目经理部。

（3）主持项目经理部工作。

（4）决定授权范围内的项目资金的投入和使用。

（5）参与选择物资供应单位。

（6）参与选择并使用具有相应资质的分包人。

（7）制订内部计酬办法。

（8）在授权范围内协调与项目有关的内、外部关系。

（9）法定代表人授予的其他权力。

3.利益

项目经理最终的利益是项目经理行使权力和承担责任的结果，也是市场经济条件下责、权、利、效相互统一的具体体现。项目经理享有的利益主要表现在以下几个方面。

（1）获得基本工资、岗位工资和绩效工资。

（2）除按规定获得物质奖励外，还可获得表彰、记功、“优秀项目经理”等荣誉称号和其他精神奖励。

（3）项目经理经考核和审计，未完成“项目管理目标责任书”确定的责任目标或造成亏损的，按有关条款承担责任，并接受经济或行政处罚。

二、项目经理责任制

项目经理责任制是指企业制订的以项目经理为责任主体、确保项目管理目标实现的责任制度。项目经理责任制是项目管理目标实现的具体保障和基本条件，用以确定项目经理部与企业、职工三者之间的责、权、利关系。项目经理责任制是以施工项目为对象，以项目经理全面负责为前提，以“项目管理目标责任书”为依据，以创优质工程为目标，以求得项目产品的最佳经济效益为目的，实行从施工项目开工到竣工验收的一次性全过程的管理。项目经理责任制作为项目管理的基本制度，是评价项目经理绩效的依据。项目经理责任制的核心是项目经理承担实现项目管理目标责任书确定的责任。项目经理与项目经理部在工程建设中应严格遵守和实行项目管理责任制度，确保项目目标全面实现。施工企业在推行项目管理时，应实行项目经理责任制，注意处理好企业管理层、项目管理层和劳务作业层的关系，并应在“项目管理目标责任书”中明确项目经理的责任、权力和利益。企业管理层、项目管理层和劳务作业层的关系应符合下列规定。

（1）企业管理层应制定和健全施工项目管理制度，规范项目管理。

（2）企业管理层应加强计划管理，保持资源的合理分布和有序流动，并为项目生产要素的优化配置和动态管理服务。

（3）企业管理层应对项目管理层的工作进行全过程指导、监督和检查。

（4）项目管理层应该做好资源的优化配置和动态管理，执行和服从企业管理层对项目管理的监督检查和宏观调控。

（5）企业管理层与劳务作业层应签订劳务分包合同。项目管理层与劳务作业层应建立共同履行劳务分包合同的关系。

企业管理层对整个企业行使管理职能；而项目管理层只是对自身项目进行管理。企业管理层可以同时管理各个项目；而项目管理层的管理对象是唯一的。

企业管理层对项目所进行的指导和管理，目的是保证项目的正常实施，保证项目目标的顺利实现，这一目标既包括工期、质量，同时又包括利润和安全；而项目管理层对项目所进行的管理是直接管理，其目的是保证项目各项目标的顺利实现。项目管理层是成本的控制中心；而企业管理层是利润的保证中心。二者之间对于施工项目的实施来说是直接与间接的关系，对于施工项目管理工作来说是微观与宏观的关系，对于企业经济利益来说是成本与利润的关系，其最终目的是统一的，都是为了实现施工项目的各项既定目标。

项目管理层与劳务作业层应建立共同履行劳务分包合同的关系，而劳务分包合同的订立，则应由企业管理层与劳务公司进行。

项目管理层应是施工项目在实施期间的决策层，其职能是在“项目管理目标责任书”的要求下，合理有效地配置项目资源，组织项目实施，对项目各实施环节进行跟踪控制，其管理对象是劳务作业层。劳务作业层是施工项目的具体实施者，是按照劳务合同，在项目管理层的直接领导下，从事项目劳务作业。项目经理与企业法人代表之间应是委托与被委托的关系，也就是授权与被授权的关系。项目经理与企业法人代表之间不存在集权和分权的问题。

第五章　建筑工程项目质量管理

第一节　建筑工程项目质量管理概述

一、建筑工程项目质量管理概念

（一）建筑工程项目质量的概念及特点

1.质量的概念

质量是指反映实体满足明确或隐含需要能力的特性之总和，国际化标准组织ISO9000族标准中对质量的定义是：质量是一组固有特性满足要求的程度。

质量的主体是“实体”。实体可以是活动或过程，如监理单位受业主委托实施建设工程监理或承包商履行施工合同的过程；也可以是活动或过程结果的有形产品，如已建成的厂房或者无形产品，如监理规划等；还可以是某个组织体系，以及以上各项的组合。

“需要”通常被转化为有规定准则的特性，如适用性、可靠性、经济性、美观性及与环境的协调性等方面。在许多情况下，“需要”随时间、环境的变化而变化，这就要求定期修改反映这些“需要”的各项文件。

“明确需要”是指在合同、标准、规范、图纸、技术文件中已经做出明确规定的要求。“隐含需要”则应加以识别和确定：一是指顾客或社会对实体的期望；二是指被人们所公认的、不言而喻的、不必做出规定的需要，如住宅应满足人们最起码的居住需要，此即属于“隐含需要”。

获得令人满意的质量通常要涉及全过程各阶段众多活动的影响，有时为了强调不同阶段对质量的作用，可以称某阶段对质量的作用或影响，如“设计阶段对质量的作用或影响”“施工阶段对质量的作用或影响”等。

2.建筑工程项目质量

建筑工程项目质量是现行国家的有关法律、法规、技术标准、设计文件及工程合同中对建筑工程项目的安全、使用、经济、美观等特性的综合要求。工程项目一般是按照合同条件承包建设的，因此，建筑工程项目质量是在“合同环境”下形成的。合同条件中对建筑工程项目的功能、使用价值及设计、施工质量等的明确规定都是业主的“需要”，因而它们都是质量的内容。

（1）工程质量。工程质量是指能满足国家建设和人民需要所具备的自然属性。其通常包括适用性、可靠性、经济性、美观性和环境保护性等。

（2）工序质量。工序质量是指在生产过程中，人、材料、机具、施工方法和环境对装饰产品综合起作用的过程，这个过程所体现的工程质量称为工序质量。工序质量也要符合“设计文件”和建筑施工及验收规范的规定。工序质量是形成工程质量的基础。

（3）工作质量。工作质量并不像工程质量那样直观，其主要体现在企业的一切经营活动中，通过经济效果、生产效率、工作效率和工程质量集中体现出来。

工程质量、工序质量和工作质量是三个不同的概念，但三者有密切的联系。工程质量是企业施工的最终成果，其取决于工序质量和工作质量。工作质量是工序质量和工程质量的保证和基础，必须努力提高工作质量，以工作质量来保证和提高工序质量，从而保证和提高工程质量。提高工程质量是为了提高经济效益，为社会创造更多的财富。

3.建筑工程项目质量的特点

建筑工程项目质量的特点是由建筑工程项目的特点决定的。由于建筑工程项目具有单项性、一次性以及高投入性等特点，故建筑工程项目质量具有以下特点。

（1）影响因素多。设计、材料、机械、环境、施工工艺、施工方案、操作方法、技术措施、管理制度、施工人员素质等均直接或间接地影响建筑工程项目的质量。

（2）质量波动大。建筑工程建设因其具有复杂性、单一性，不像一般工业产品的生产那样有固定的生产流水线、有规范化的生产工艺和完善的检测技术、有成套的生产设备和稳定的生产环境、有相同系列规格和相同功能的产品，所以，其质量波动大。

（3）质量变异大。影响建筑工程质量的因素较多，任一因素出现质量问题，均会引起工程建设系统的质量变异，造成建筑工程质量问题。

（4）质量具有隐蔽性。建筑工程项目在施工过程中，由于工序交接多、中间产品多、隐蔽工程多，若不及时检查并发现其存在的质量问题，事后看表面质量可能很好，但容易产生第二判断错误，即将不合格的产品认为是合格的产品。

（5）终检局限大。建筑工程项目建成后，不可能像某些工业产品那样，可以拆卸或解体来检查内在的质量，因此，建筑工程项目终检验收时难以发现工程内在的、隐蔽的质量缺陷。

所以，对建筑工程质量更应重视事前、事中控制，防患于未然，将质量事故消灭于萌芽中。

（二）建筑工程项目质量控制的分类

质量管理是在质量方面进行指挥、控制、组织、协调的活动。这些活动通常包括制订质量方针和质量目标以及质量策划、质量控制、质量保证与质量改进等一系列活动。质量控制是质量管理的一部分，是致力于满足质量要求的一系列活动，主要包括设定标准、测量结果、评价和纠偏。

建筑工程项目质量控制是指建筑工程项目企业为达到工程项目质量要求所采取的作业技术和活动。

建筑工程项目质量要求主要表现为工程合同、设计文件、技术规范规定的质量标准。因此，建筑工程项目质量控制就是为了保证达到工程合同规定的质量标准而采取的一系列措施、手段和方法。

建筑工程项目质量控制按其实施者的不同，可分为以下三个方面。

1.业主方面的质量控制

业主方面的质量控制包括以下两个层面的含义。

（1）监理方的质量控制。目前，业主方面的质量控制通常通过委托工程监理合同、委托监理单位对工程项目进行质量控制。

（2）业主方的质量控制。其特点是外部的、横向的控制。工程建设监理的质量控制，是指监理单位受业主委托，为保证工程合同规定的质量标准对工程项目进行的质量控制。其目的是保证工程项目能够按照工程合同规定的质量要求达到业主的建设意图，并取得良好的投资效益。其控制依据除国家制定的法律、法规外，主要是合同、设计图纸。在设计阶段及其前期的质量控制以审核可行性研究报告和设计文件、图纸为主，审核项目设计是否符合业主的要求。在施工阶段驻现场实地监理，检查是否严格按图施工，并达到合同文件规定的质量标准。

2.政府方面的质量控制

政府方面的质量控制是指政府监督机构的质量控制，其特点是外部的、纵向的控制。政府监督机构的质量控制是按城镇或专业部门建立有权威的工程质量监督机构，根据有关法规和技术标准对本地区（本部门）的工程质量进行监督检查。其目的是维护社会公共利益，保证技术性法规和标准贯彻执行。其控制依据主要是有关的法律文件和法定技术标准。在设计阶段及其前期的质量控制以审核设计纲要、选址报告、建设用地申请与设计图纸为主。在施工阶段以不定期的检查为主，审核是否违反城市规划，是否符合有关技术法规和标准的规定，对环境影响的性质和程度大小，有无防止污染、公害的技术措施。因此，政府质量监督机构根据有关规定，有权对勘察单位、设计单位、监理单位、施工单位的行为进行监督。

3.承建商方面的质量控制

承建商方面的质量控制是内部的、自身的控制。承建商方面的质量控制主要是施工阶段的质量控制，这是工程项目全过程质量控制的关键环节。其中心任务是通过建立健全有效的质量监督工程体系，来确保工程质量达到合同规定的标准和等级要求。

（三）建筑工程项目质量管理的原则

（1）坚持“质量第一，用户至上”的原则。

（2）坚持“以人为核心”的原则。

（3）坚持“以预防为主”的原则。

（4）坚持质量标准、严格检查和“一切用数据说话”的原则。

（5）坚持贯彻科学、公正和守法的原则。

二、建筑工程项目的全面质量管理

（一）全面质量管理的概念

全面质量管理，是指为了获得使用户满意的产品，综合运用一整套质量管理体系、手段和方法所进行的系统管理活动。其特点是“三全”（全企业职工、全生产过程、全企业各个部门）、具有一整套科学方法与手段（数理统计方法及电算手段等）、属于广义的质量观念。其与传统的质量管理相比有显著的成效，为现代企业管理方法中的一个重要分支。

全面质量管理的基本任务是建立和健全质量管理体系，通过企业经营管理的各项工作，以最低的成本、合理的工期生产出符合设计要求并使用户满意的产品。

全面质量管理的具体任务，主要有以下几个方面。

（1）进行完善质量管理的基础工作。

（2）建立和健全质量保证体系。

（3）确定企业的质量目标和质量计划。

（4）对生产过程各工序的质量进行全面控制。

（5）严格把控质量检验工作。

（6）开展群众性的质量管理活动，如质量管理小组活动等。

（7）建立质量回访制度。

（二）全面质量管理的工作方法

全面质量管理的工作方法是PDCA循环工作法。其是美国质量管理专家戴明博士在20世纪60年代提出来的。

PDCA循环工作法把质量管理活动归纳为四个阶段，即计划阶段（Plan）、实施阶段（Do）、检查阶段（Check）和处理阶段（Action），其中共有八个步骤。

1.计划阶段（Plan，P）

在计划阶段，首先要确定质量管理的方针和目标，并提出实现它们的具体措施和行动计划。计划阶段包括以下四个步骤。

第一步：分析现状，找出存在的质量问题，以便进行调查研究。

第二步：分析影响质量的各种因素，将其作为质量管理的重点对象。

第三步：在影响的诸多因素中找出主要因素，将其作为质量管理的重点对象。

第四步：制订提升质量的措施，提出行动计划并预计效果。

2.实施阶段（DO，D）

在实施阶段中，要按既定措施下达任务，并按措施去执行。这是PDCA循环工作法的第五个步骤。

3.检查阶段（Check，C）

检查阶段的工作是对执行措施的情况进行及时的检查，通过检查与原计划进行比较，找出成功的经验和失败的教训。这是PDCA循环工作法的第六个步骤。

4.处理阶段（Action，A）

处理阶段，就是对检查之后的各种问题加以处理。处理阶段可分为以下两个步骤。

第七步：总结经验，巩固措施，制订标准，形成制度，以便遵照执行。

第八步：将尚未解决的问题转入下一个循环。重新研究措施，制订计划，予以解决。

（三）质量保证体系

1.质量保证和质量保证体系的概念

（1）质量保证的概念。质量保证是指企业向用户保证产品在规定的期限内能正常使用。按照全面质量管理的观点，质量保证还包括上道工序提供的半成品保证满足下道工序的要求，即上道工序对下道工序实行质量保证。

质量保证体现了生产者与用户之间、上道工序与下道工序之间的关系。通过质量保证，将产品的生产者和使用者密切地联系在一起，促使企业按照用户的要求组织生产，达到全面提高质量的目的。

用户对产品质量的要求是多方面的，它不仅指交货时的质量，更主要的是在使用期限内产品的稳定性，以及生产者提供的维修服务质量等。因此，建筑装饰装修企业的质量保证，包括装饰装修产品交工时的质量和交工以后在产品的使用阶段所提供的维修服务质量等。

质量保证的建立，可以使企业内部各道工序之间、企业与用户之间有一条质量纽带，带动各方面的工作，为不断提高产品质量创造条件。

（2）质量保证体系的概念。质量保证不是生产的某一个环节问题，其涉及企业经营管理的各项工作，需要建立完整的系统。质量保证体系，就是企业为保证提高产品质量，运用系统的理论和方法建立的一个有机的质量工作系统。这个系统将企业各部门、生产经营各环节的质量管理职能组织起来，形成一个目标明确、责权分明、相互协调的整体，从而使企业的工作质量和产品质量紧密地联系在一起；生产过程与使用过程紧密地联系在一起；企业经营管理的各个环节紧密地联系在一起。

由于有了质量保证体系，企业便能在生产经营的各个环节及时地发现和掌握质量管理的目的。质量保证体系是全面质量管理的核心。全面质量管理实质上就是建立质量保证体系，并使其正常运转。

2.质量保证体系的内容

建立质量保证体系，必须与质量保证的内容相结合。建筑施工企业的质量保证体系的内容包括以下三部分。

（1）施工准备过程的质量保证。其主要内容有以下几项：

①严格审查图纸。为了避免设计图纸的差错给工程质量带来影响，必须对施工图纸进行认真审查。通过审查，及时发现错误，采取相应的措施加以纠正。

②编制好施工组织设计。编制施工组织设计之前，要认真分析企业在施工中存在的主要问题和薄弱环节，分析工程的特点，有针对性地提出防范措施，编制出切实可行的施工组织设计，以便指导施工活动。

③做好技术交底工作。在下达施工任务时，必须向执行者进行全面的质量交底，使执行人员了解任务的质量特性，做到心中有数，避免盲目行动。

④严格控制材料、构配件和其他半成品的检验工作。从原材料、构配件、半成品的进场开始，就应严格把好质量关，为工程施工提供良好的条件。

⑤施工机械设备的检查维修工作。施工前，要做好施工机械设备的检修工作，使机械设备经常保持良好的工作状态，不致发生故障，影响工程质量。

（2）施工过程的质量保证。施工过程是建筑工程产品质量的形成过程，是控制建筑产品质量的重要阶段。这个阶段的质量保证工作，主要有以下几项：

①加强施工工艺管理。严格按照设计图纸、施工组织设计、施工验收规范、施工操作规程施工，坚持质量标准，保证各分项工程的施工质量。

②加强施工质量的检查和验收。按照质量标准和验收规程，对已完工的分部工程，特别是隐蔽工程，及时进行检查和验收。不合格的工程，一律不得验收，促使操作人员重视问题，严把质量关。质量检查可采取群众自检、互检和专业检查相结合的方法。

③掌握工程质量的动态。通过质量统计分析，找出影响质量的主要原因，总结产品质量的变化规律。统计分析是全面质量管理的重要方法，是掌握质量动态的重要手段。针对质量波动的规律，采取相应对策，防止质量事故发生。

（3）使用过程的质量保证。工程产品的使用过程是产品质量经受考验的阶段。施工企业必须保证用户在规定的期限内，正常地使用建筑产品。在这个阶段，主要有两项质量保证工作：

①及时回访。工程交付使用后，企业要组织对用户进行调查、回访，认真听取用户对施工质量的意见，收集有关资料，并对用户反馈的信息进行分析，从中发现施工质量问题，了解用户的要求，采取措施加以解决并为以后的工程施工积累经验。

②实行保修。对于施工原因造成的质量问题，建筑施工企业应负责无偿维修，取得用户的信任；对于设计原因或用户使用不当造成的质量问题，应当协助维修，提供必要的技术服务，保证用户正常使用。

3.质量保证体系的运行

在实际工作中，质量保证体系是按照PDCA循环工作法运行的。

4.质量保证体系的建立

建立质量保证体系，要求做好以下工作：

（1）建立质量管理机构。质量管理机构的主要任务是：统一组织、协调质量保证体系的活动；编制质量计划并组织实施；检查、督促各动态，协调各环节的关系；开展质量教育，组织群众性的管理活动。在建立综合性的质量管理机构的同时，还应设置专门的质量检查机构，负责质量检查工作。

（2）制订可行的质量计划。质量计划是实现质量目标和具体组织与协调质量管理活动的基本手段，也是企业各部门、生产经营各环节质量工作的行动纲领。企业的质量计划是一个完整的计划体系，既有长远的规划，又有近期的质量计划；既有企业总体规划，又有各环节、各部门具体的行动计划；既有计划目标，又有实施计划的具体措施。

（3）建立质量信息反馈系统。质量信息是质量管理的根本依据，它反映了产品质量形成过程的动态。质量管理就是根据信息反馈的问题，采取相应的措施，对产品质量形成过程实施控制。没有质量信息，也就谈不上质量管理。企业质量信息主要来自两部分：一是外部信息，包括用户、原材料和构配件供应单位、协作单位、上级组织的信息；二是内部信息，包括施工工艺、各分部分项工程的质量检验结果、质量控制中的问题等。企业必须建立一整套质量信息反馈系统，准确、及时地收集、整理、分析、传递质量信息，为质量管理体系的运转提供可靠的依据。

三、工程质量形成的过程与影响因素分析

（一）工程建设各阶段对质量形成的作用与影响

工程建设的不同阶段，对工程项目质量的形成有着不同的作用和影响。

1.项目可行性研究阶段

项目可行性研究阶段是对与项目有关的技术、经济、社会、环境等各方面进行调查研究，在技术上分析论证各方案是否可行，在经济上是否合理，以供决策者选择。项目可行性研究阶段对项目质量产生直接影响。

2.项目决策阶段

项目决策是从两个及两个以上的可行性方案中选择一个更合理的方案。比较两个方案时，主要方案比较项目投资、质量和进度三者之间的关系。因此，决策阶段是影响工程建设质量的关键阶段。

3.工程勘察、设计阶段

设计方案技术是否可行、在经济上是否合理、设备是否完善配套、结构是否安全可靠，都将决定建成后项目的使用功能。因此，设计阶段是影响建筑工程项目质量的决定性环节。

4.工程施工阶段

工程施工阶段是根据设计文件和图样要求，通过相应的质量控制把质量目标和质量计划付诸实施的过程。施工阶段是影响建筑工程项目质量的关键环节。

5.工程竣工验收阶段

工程竣工验收是对工程项目质量目标的完成程度进行检验、评定和考核的过

程。竣工验收不认真，就无法实现规定的质量目标。因此，工程竣工验收是影响建筑工程项目的一个重要环节。

6.使用保修阶段

保修阶段要对使用过程中存在的施工遗留问题及发现的新质量问题予以解决，最终保证建筑工程项目的质量。

（二）影响工程质量的因素

影响工程质量的因素归纳起来主要有五个方面，即人（Man）、材料（Material）、机械（Machine）、方法（Method）和环境（Environment），简称为“4M1E”因素。

1.人

人是指施工活动的组织者、领导者及直接参与施工作业活动的具体操作者。人员因素的控制就是对上述人员的各种行为进行控制。

2.材料

材料是指在工程项目建设中使用的原材料、成品、半成品、构配件等，其是工程施工的物质保证条件。

3.机械

（1）机械设备控制规定

①应按设备进场计划进行施工设备的准备。

②现场的施工机械应满足施工需要。

③应对机械设备操作人员的资格进行确认，无证或资格不符合的严禁上岗。

（2）施工机械设备的质量控制

施工机械设备的选用必须结合施工现场条件、施工方法工艺、施工组织和管理等各种因素综合考虑。

4.方法

施工方案的选择必须结合工程实际，做到能解决工程难题、技术可行、经济合理、加快进度、降低成本、提高工程质量。其具体包括：确定施工流向、确定施工程序、确定施工顺序、确定施工工艺和施工环境。

5.环境

环境条件是指对工程质量特性起重要作用的环境因素。影响施工质量的环境较多，主要有以下几项：

（1）自然环境，如气温、雨、雪、雷、电、风等。

（2）工程技术环境，如工程地质、水文、地形、地下水位、地面水等。

（3）工程管理环境，如质量保证体系和质量管理工作制度。

（4）工程作业环境，如作业场所、作业面等，以及前道工序为后道工序所提供的操作环境。

（5）经济环境，如地方资源条件、交通运输条件、供水供电条件等。

环境因素对施工质量的影响有复杂性、多变性的特点，必须具体问题具体分析。如气象条件变化无穷，温度、湿度、酷暑、严寒等都直接影响工程质量。在施工现场应建立文明施工和文明生产的环境，保持材料堆放整齐、道路畅通、工作环境清洁、施工顺序井井有条。

四、施工承包单位资质的分类

（一）施工总承包企业

获得施工总承包资质的企业，可以对工程实行施工总承包或者对主体工程实行施工承包，施工总承包企业可以将承包的工程全部自行施工，也可以将非主体工程或者劳务作业分包给具有相应专业承包资质或者劳务分包资质的其他建筑业企业。施工总承包企业的资质按专业类别共分为12个资质类别，每一个资质类别又可分为特级、一级、二级、三级。

（二）专业承包企业

获得专业承包资质的企业，可以承接施工总承包企业分包的专业工程或者建设单位按照规定发包的专业工程。专业承包企业可以对所承接的工程全部自行施工，也可以将劳务作业分包给具有相应劳务分包资质的劳务分包企业。专业承包企业资质按专业类别共分为60个资质类别，每一个资质类别又可分为一级、二级、三级。

（三）劳务分包企业

获得劳务分包资质的企业，可以承接施工总承包企业或者专业承包企业分包的劳务作业。劳务承包企业有13个资质类别。

第二节　建筑工程施工质量管理体系

一、质量管理体系的基础

（一）质量管理体系的理论说明

质量管理体系能够帮助增进顾客满意。顾客要求产品具有满足其需求和期望的特性，这些需求和期望在产品规范中表述，并集中归结为顾客要求。顾客要求可以由顾客以合同方式规定或由组织自己确定。在任何情况下，顾客最终确定产品的可接受性。因为顾客的需求和期望是不断变化的，这就促使组织持续地改进其产品和过程。

质量管理体系方法鼓励组织分析顾客要求，规定相关的过程，并使其持续受控，以提供顾客能接受的产品。

质量管理体系能提供持续改进的框架，以增加使顾客和其他相关方满意的可能性。质量管理体系还就组织能够提供持续满足要求的产品，向组织及其顾客提供信任。

（二）质量管理体系的方法

建立和实施质量管理体系的方法包括以下步骤。

（1）确定顾客和其他相关方的需求和期望。

（2）建立组织的质量方针和质量目标。

（3）确定实现质量目标必需的过程和职责。

（4）确定和提供实现质量目标必需的资源。

（5）规定测量每个过程的有效性和高效率的方法。

（6）应用这些测量方法确定每个过程的有效性和效率。

（7）确定防止不合格并消除产生原因的措施。

（8）在建立和应用过程中以持续改进质量管理体系。

（三）质量方针和质量目标

建立质量方针和质量目标为组织提供了关注的焦点。两者确定了预期的结果，并帮助组织利用其资源达到这些结果。质量方针为建立和评审质量目标提供了框架。质量目标需要与质量方针和持续改进的承诺相一致，并是可测量的。质量目标的实现对产品质量、作业有效性和财务业绩都有积极的影响，因此对相关方的满意和信任也产生积极影响。

（四）最高管理者在质量管理体系中的作用

最高管理者通过其领导活动可以创造一个员工充分参与的环境，质量管理体系能够在这种环境中有效运行。

基于质量管理原则，最高管理者可发挥以下作用。

（1）制订并保持组织的质量方针和质量目标。

（2）在整个组织内促进质量方针和质量目标的实现，以增强员工的意识、积极性和参与程度。

（3）确保整个组织关注顾客要求。

（4）确保实施适宜的过程，以满足顾客和其他相关方要求并实现质量目标。

（5）确保建立、实施和保持一个有效的质量管理体系，以实现这些质量目标。

（6）确保获得必要资源。

（7）定期评价质量管理体系。

（8）决定有关质量方针和质量目标的措施。

（9）决定质量管理体系的措施。

（五）质量管理体系评审

最高管理者的一项任务是对质量管理体系关于质量方针和质量目标的适宜性、充分性、有效性和效率进行定期、系统的评审。这些评审可包括考虑修改质量方针和目标的需求，以响应相关方需求期望的变化。评审包括确定采取措施的需求。

二、质量管理的八项原则

（一）以顾客为关注焦点

组织（从事一定范围生产经营活动的企业）依存于顾客。组织应理解顾客当前和未来的需求，满足顾客要求并争取超越顾客的期望。

（二）领导作用

领导者确立本组织统一的宗旨和方向，并营造和保持员工充分参与实现组织目标的内部环境。因此，领导在企业的质量管理中起着决定性作用。只有领导重视，各项质量活动才能有效开展。

（三）全员参与

各级人员都是组织之本，只有全员充分参与，才能使他们的才干为组织带来收益。产品质量是产品形成过程中全体人员共同努力的结果，其中也包含为他们提供支持的管理、检查、行政人员的贡献。企业领导应对员工进行质量意识等各方面的教育，激发他们的积极性和责任感，为其能力、知识、经验的提高提供机会，发挥创造精神，鼓励持续改进，给予必要的物质和精神奖励，使全员积极参与，为达到让顾客满意的目标而奋斗。

（四）过程方法

将相关的资源和活动作为过程进行管理，可以更高效地得到期望的结果。任何使用资源进行生产的活动和将输入转化为输出的一组相关联的活动都可视为过程。

（五）管理的系统方法

将相互关联的过程作为系统加以识别、理解和管理，有助于组织提高实现其目标的有效性和效率。不同企业应根据自己的特点，建立资源管理、过程实现、测量分析改进等方面的关联关系，并加以控制。即采用过程网络的方法建立质量管理体系，实施系统管理。

（六）持续改进

持续改进总体业绩是组织的一个永恒目标，其作用在于增强企业满足质量要求的能力，包括产品质量、过程及体系的有效性和效率的提高。持续改进是增强和满足质量要求能力的循环活动，使企业的质量管理走上良性循环的轨道。

（七）基于事实的决策方法

有效的决策应建立在数据和信息分析的基础上，数据和信息分析是事实的高度提炼。以事实为依据做出决策，可防止决策失误。为此，企业领导应重视数据信息的收集、汇总和分析，以便为决策提供依据。

（八）与供方互利的关系

组织与供方是相互依存的，建立双方的互利关系可以增强双方创造价值的能力。供方提供的产品是企业提供产品的一个组成部分。处理好与供方的关系，是涉及企业能否持续、稳定提供顾客满意产品的重要问题。因此，对供方不能只讲控制，不讲合作互利，特别是关键供方，更要建立互利关系，这对企业与供方都有利。

三、质量管理体系的建立程序

依据《质量管理体系基础和术语》（GB/T19000–2016），建立一个新的质量管理体系或更新、完善现行的质量管理体系，一般应按照下列程序进行。

（一）企业领导决策

企业主要领导要下决心走质量效益型的发展道路，有建立质量管理体系的迫切需要。建立质量管理体系是企业内部多部门参加的一项全面性的工作，如果没有企业主要领导亲自领导、实践和统筹安排，是很难做好这项工作的。因此，领导真心实意地要求建立质量管理体系，是建立健全质量管理体系的首要条件。

（二）编制工作计划

工作计划包括培训教育、体系分析、职能分配、文件编制、配备仪器仪表设备等内容。

（三）分层次教育培训

组织学习《质量管理体系基础和术语》（GB/T19000–2016），结合本企业的特点，了解建立质量管理体系的目的和作用，详细研究与本职工作有直接联系的要素，提出控制要素的办法。

（四）分析企业特点

结合建筑业企业的特点和具体情况，确定采用哪些要素和采用程度。确定的要素要对控制工程实体质量起主要作用，能保证工程的适用性和符合性。

（五）落实各项要素

企业在选好合适的质量管理体系要素后，要进行二级要素展开，制订实施二级要素所必需的质量活动计划，并把各项质量活动落实到具体部门或个人。

企业在领导的亲自主持下，合理地分配各级要素与活动，使企业各职能部门都明确各自在质量管理体系中应担负的责任，应开展的活动和各项活动的衔接办法。分配各级要素与活动的一个重要原则就是，责任部门只能是一个，但允许有若干个配合部门。

在各级要素和活动分配落实后，为了便于实施、检查和考核，还要把工作程序文件化，即把企业的各项管理标准、工作标准、质量责任制、岗位责任制形成与各级要素和活动相对应的有效运行的文件。

（六）编制质量管理体系文件

质量管理体系文件按其作用，可分为法规性文件和见证性文件两类。质量管理体系的法规性文件是用以规定质量管理工作的原则，阐述质量管理体系的构成，明确有关部门和人员的质量职能，规定各项活动的目的要求、内容和程序的文件。在合同环境下，这些文件是供方向需方证实质量管理体系实用性的证据。

质量管理体系的见证性文件是用以表明质量管理体系的运行情况和证实其有效性的文件（如质量记录、报告等）。这些文件记录了各质量管理体系要素的实施情况和工程实体质量的状态，是质量管理体系运行的见证。

四、质量管理体系的运行和改进

保持质量管理体系的正常运行和持续使用有效，是企业质量管理的一项重要任务，是质量管理体系发挥实际效能、实现质量目标的主要阶段。质量管理体系的运行是执行质量管理体系文件、实现质量目标、保持质量管理体系持续有效和不断优化的过程。质量管理体系的有效运行是依靠体系的组织机构进行组织协调、实施质量监督、开展信息管理、运行质量管理体系审核和评审实现的。由于客户的要求不断变化，组织需要对其质量管理体系进行一种持续的改进活动，以增强满足要求的能力。为了进行质量管理体系的持续改进，可采用“PDCA”循环的模式方法。

五、质量管理体系的认证

（一）质量管理体系认证的概念

质量管理体系认证由具有第三方公正地位的认证机构依据质量管理体系的要求、标准，审核企业质量管理体系要求的符合性和实施的有效性，进行独立、客观、科学、公正的评价，得出结论。若通过，则办理认证证书和认证标志，但认证标志不能用于具体的产品上。获得质量管理体系认证资格的企业可以申请特定产品的认证。

（二）质量管理体系认证的实施阶段

1.质量管理体系认证过程

质量管理体系认证过程总体上可分为以下四个阶段。

（1）认证申请。组织向其自愿选择的某个体系认证机构提出申请，并按该机构要求提交申请文件，包括企业质量手册等。体系认证机构根据企业提交的申请文件，决定是否受理申请，并通知企业。按惯例，机构不能无故拒绝企业的申请。

（2）体系审核。体系认证机构指派数名国家注册审核人员实施审核工作，包括审查企业的质量手册，到企业现场查证实际执行情况，并提交审核报告。

（3）审批与注册发证。体系认证机构根据审核报告，经审查决定是否批准认证。对批准认证的企业颁发体系认证证书，并将企业的有关情况注册公布，准予企业以一定方式使用体系认证标志。证书有效期通常为3年。

（4）监督。在证书有效期内，体系认证机构每年对企业至少进行一次监督与检查，查证企业有关质量管理体系的保证情况。一旦发现企业有违反有关规定的事实证据，即对该企业采取措施，暂停或撤销该企业的体系认证。

2.维持与监督管理内容

获准认证后的质量管理体系，维持与监督管理内容包括以下几个方面。

（1）企业通报。认证合格的企业质量体系在运行中出现较大变化时，需向认证机构通报，认证机构接到通报后，视情况采取必要的监督检查措施。

（2）监督检查。认证机构对认证合格单位质量维持的情况进行监督性现场检查，包括定期和不定期的监督检查。定期检查通常是每年一次，不定期检查视需要临时安排。

（3）认证注销。注销是企业的自愿行为。在企业体系发生变化或证书有效期届满时未提出重新申请等情况下，认证持证者提出注销的，认证机构予以注销，并收回体系认证证书。

（4）认证暂停。认证暂停是认证机构对获认证企业质量体系发生不符合认证要求情况时采取的警告措施。认证暂停期间企业不得用体系认证证书做宣传。企业在采取纠正措施满足规定条件后，认证机构撤销认证暂停；否则，将撤销认证注册，收回合格证书。

（5）认证撤销。当获证企业发生下列情况时，认证机构应做出撤销认证的决定：

①质量体系存在严重不符合规定的。

②在认证暂停的规定期限内未予以整改的。

③发生其他构成撤销体系认证资格事件的。

若企业不服可提出申诉。撤销认证的企业一年后可重新提出认证申请。

（6）复评。认证合格有效期满前，如企业愿继续延长，可向认证机构提出复评申请。

（7）重新换证。在认证证书有效期内，出现体系认证标准变更、体系认证范围变更、体系认证证书持有者变更的，可按规定重新更换。

第三节　建筑工程施工质量控制

一、施工准备阶段的质量控制

施工准备阶段的质量控制是指项目正式施工活动开始前，对各项准备工作及影响质量的各种因素和有关方面进行的质量控制。施工准备是为保证施工生产正常进行而必须事先做好的工作。施工准备工作不仅是在工程开工前要做好，而且要贯穿于整个施工过程。施工准备的基本任务就是为施工项目建立一切必要的施工条件，确保施工生产顺利进行，确保工程质量符合要求。

（一）技术资料、文件准备质量控制

工程施工前，应准备好以下技术资料与文件：

（1）质量管理相关法规、标准。国家及政府有关部门颁布的有关质量管理方面的法律、法规，规定了工程建设参与各方的质量责任和义务，质量管理体系建立的要求、标准，质量问题处理的要求，质量验收标准等，都是进行质量控制的重要依据。

（2）施工组织设计或施工项目管理规划。施工组织设计或施工项目管理规划是指导施工准备和组织施工的全面性技术经济文件，要对其进行两个方面的控制。

①选订施工方案后，制订施工进度过程中必须考虑施工顺序、施工流向，主要分部、分项工程的施工方法，特殊项目的施工方法和技术措施能否保证工程质量。

②制订施工方案时，必须进行技术经济比较，使工程项目满足符合性、有效性和可靠性要求，取得施工工期短、成本低、安全生产、效益好的经济质量。

（3）施工项目所在地的自然条件及技术经济条件调查资料。

（4）工程测量控制资料。施工现场的原始基准点、基准线、参考标高及施工控制网等数据资料，是施工前进行质量控制的基础性工作，这些数据资料是进行工程测量控制的重要内容。

（二）设计交底质量控制

工程施工前，由设计单位向施工单位有关人员进行设计交底，其主要内容包括：

（1）设计意图：设计思想、设计方案比较、基础处理方案、结构设计意图、设备安装和调试要求、施工进度安排等。

（2）地形、地貌、气象、工程地质及水文地质等自然条件。

（3）施工图设计依据：初步设计文件，规划、环境等要求，设计规范。

（4）施工注意事项：对基础处理的要求，对建筑材料的要求，采用新结构、新工艺的要求，施工组织和技术保证措施等。

（三）图纸研究和审核

通过研究和会审图纸，可以广泛听取使用人员、施工人员的正确意见，弥补设计上的不足，提高设计质量；可以使施工人员了解设计意图、技术要求、施工难点，为保证工程质量打好基础。

图纸研究和审核的主要内容包括：

（1）对设计者的资质进行认定。

（2）设计是否满足抗震、防火、环境卫生等要求。

（3）图纸与说明是否齐全。

（4）图纸中有无遗漏、差错或相互矛盾之处，图纸表示方法是否清楚并符合标准要求。

（5）地质及水文地质等资料是否充分、可靠。

（6）所需材料来源有无保证，能否替代。

（7）施工工艺、方法是否合理，是否切合实际，是否便于施工，能否保证质量要求。

（8）施工单位是否具备施工图及说明书中涉及的各种标准、图册、规范、规程等。

（四）物质准备质量控制

（1）材料质量控制的内容。材料质量控制的内容主要包括材料质量的标准，材料的性能，材料取样、试验方法，材料的适用范围和施工要求等。

（2）材料质量控制的要求。①掌握材料信息，优选供货厂家。②合理组织材料供应，确保施工正常进行。③合理组织材料使用，减少材料的损失。④加强材料检查验收，严把材料质量关。⑤重视材料的使用认证，以防错用或使用不合格的材料。

（3）材料的选择和使用。材料的选择和使用不当，均会严重影响工程质量，甚至造成质量事故。因此，必须针对工程特点，根据材料的性能、质量标准、适用范围和对施工的要求等方面进行综合考虑，慎重地选择和使用材料。

（五）组织准备

建立项目组织机构、集结施工队伍，对施工队伍进行入场教育等。

（六）施工现场准备

控制网、水准点、标桩的测量；“五通一平”；生产、生活临时设施等的准备；组织机具、材料进场；拟订有关试验、试制和技术进步项目计划；编制季节性施工措施；制定施工现场管理制度等。

（七）择优选择分包商并对其进行分包培训

分包商是直接的操作者，只有他们的管理水平和技术实力提高了，工程才能达到既定的质量目标，因此要着重对分包队伍进行技术培训和质量教育，帮助分包商提高管理水平。对分包班组长及主要施工人员，按不同专业进行技术、工艺、质量综合培训，未经培训或培训不合格的分包队伍不允许进场施工。要责成分包商建立责任制，并将项目的质量保证体系贯彻落实到各自的施工质量管理中，督促其对各项工作的落实。

二、施工阶段的质量控制

建筑生产活动是一个动态过程，质量控制必须伴随着生产过程进行。施工过程中的质量控制就是对施工过程在进度、质量、安全等方面进行全面控制。

（一）工序质量控制

工序是基础，直接影响工程项目的整体质量。因此，施工作业人员应按规定，经考核后持证上岗。施工管理人员及作业人员应按操作规程、作业指导书和技术交底文件进行施工。工序质量包含工序活动质量和工序效果质量。工序活动质量是指每道工序的投入质量是否符合要求；工序效果质量是指每道工序完成的工程产品是否达到有关质量标准。

工序的检验和试验应符合过程检验和试验的规定，对查出的质量缺陷按不合格控制程序及时处理，对验证中发现的不合格产品和过程应按规定进行鉴别、标志、记录、评价、隔离和处置。不合格处置应根据不合格的严重程度，按返工、返修或让步接受、降级使用、拒收或报废四种情况进行处理。构成等级质量事故的不合格，应按国家法律、行政法规进行处置。对返修或返工后的产品，应按规定重新进行检验和试验。进行不合格让步接受时，项目经理应向发包人提出书面让步申请，记录不合格程度和返修的情况，双方签字确认让步接受协议和接收标准。对影响建筑主体结构安全和使用功能的不合格，应邀请发包人代表或监理工程师、设计人，共同确定处理方案，报建设主管部门批准。检验人员必须按规定保存不合格控制的记录。

（二）质量控制点的设置

选择保证质量难度大、对质量影响大或发生质量问题时危害大的对象作为质量控制点。主要有以下几个方面：

（1）关键的分部、分项及隐蔽工程，如框架结构中的钢筋工程、大体积混凝土工程、基础工程中的混凝土浇筑工程等。

（2）关键的工程部位，如民用建筑的卫生间、关键工程设备的设备基础等。

（3）施工中的薄弱环节，即经常发生或容易发生质量问题的施工环节，或在施工质量控制过程中无把握的环节，如一些常见的质量通病（渗、漏水问题）。

（4）关键的作业，如混凝土浇筑中的振捣作业、钻孔灌注桩中的钻孔作业。

（5）关键作业中的关键质量特性，如混凝土的强度、回填土的含水量、灰缝的饱满度等。

（6）采用新技术、新工艺、新材料的部位或环节。

（三）施工过程中的质量检查

在施工过程中，施工人员是否按照技术交底、施工图纸、技术操作规程和质量标准的要求实施，直接影响工程产品的质量。

（1）施工操作质量的巡视检查。

（2）工序质量交接检查。严格执行“三检”制度，即自检、互检和交接检。各工序按施工技术标准进行质量控制，每道工序完成后应进行检查。相互各专业工种之间应进行交接检验，并做记录。未经监理工程师检查认可，不得进行下道工序施工。

（3）隐蔽验收检查。隐蔽验收检查，是指将其他工序施工所隐蔽的分项、分部工程，在隐蔽前所进行的检查验收。实践证明，坚持隐蔽验收检查，是避免质量事故的重要措施。隐蔽工程未验收签字，不得进行下道工序施工。隐蔽工程验收后，要办理隐蔽签证手续，列入工程档案。

（4）工程施工预检。预检是指工程在未施工前所进行的预先检查。预检是确保工程质量、防止发生偏差、防止造成重大质量事故的有力措施。其内容包括：

①建筑工程位置，检查标准轴线桩和水平桩。

②基础工程，检查轴线、标高、预留孔洞、预埋件的位置。

③砌体工程，检查墙身轴线、楼房标高、砂浆配合比及预留孔洞位置尺寸。

④钢筋混凝土工程，检查模板尺寸、标高、支撑预埋件、预留孔等，检查钢筋型号、规格、数量、锚固长度、保护层等，检查混凝土配合比、外加剂、养护条件等。

⑤主要管线，检查标高、位置、坡度和管线的综合。

⑥预制构件安装，检查构件位置，型号、支撑长度和标高。

⑦电气工程，检查变电、配电位置，高低压进出口方向，电缆沟位置、标高、送电方向。预检后要办理预检手续，未经预检或预检不合格，不得进行下一道工序施工。

（四）工程变更

工程项目任何形式上、质量上、数量上的变动，都称为工程变更，它既包括工程具体项目的某种形式上、质量上、数量上的改动，也包括合同文件内容的某种改动。

（五）成品保护

在工程项目施工中，某些部位已完成，而其他部位还正在施工，对已完成的部位或成品，不采取妥善的措施加以保护，就会造成损伤，影响工程质量，也会造成人、财、物的浪费和拖延工期。更为严重的是，有些损伤难以恢复原状，而成为永久性的缺陷。加强成品保护，要从两个方面着手，首先应加强教育，提高全体员工的成品保护意识；其次，要合理安排施工顺序，采取有效的保护措施。成品保护的措施包括：

（1）护——护就是提前保护，防止对成品的污染及损伤。

（2）包——包就是进行包裹，防止对成品的污染及损伤。

（3）盖——盖就是表面覆盖，防止堵塞、损伤。

（4）封——封就是局部封闭。

（六）现场质量检查的方法

现场质量检查的方法主要有目测法、实测法和试验法等。

1.目测法

目测法即凭借感官进行检查，也称观感质量检验。其手段可概括为“看”“摸”“敲”“照”四个字。所谓看，就是根据质量标准要求进行外观检查。例如，清水墙面是否洁净，喷涂的密实度和颜色是否良好、均匀，工人的操作是否规范，内墙抹灰的大面及口角是否平直，混凝土外观是否符合要求等。

摸，就是通过触摸手感进行检查、鉴别。例如，油漆的光滑度，浆活是否牢固、不掉粉等。敲，就是运用敲击工具进行音感检查。例如，对地面工程、装饰工程中的水磨石、面砖、石材饰面等，均应进行敲击检查。照，就是通过人工光源或反射光照射，检查难以看到或光线较暗的部位。例如，管道井、电梯井等内部的管线、设备安装质量，装饰吊顶内连接及设备安装质量等。

2.实测法

实测法就是通过实测数据与施工规范、质量标准的要求及允许偏差值进行对照，以此判断质量是否符合要求。其手段可概括为“靠”“量”“吊”“套”四个字。所谓靠，就是用直尺和塞尺检查墙面、地面、路面等的平整度。量，就是指用测量工具和计量仪表等检查断面尺寸、轴线、标高、湿度、温度等的偏差。例如，大理石板拼缝尺寸与超差数量、摊铺沥青拌和料的温度、混凝土坍落度的检测等。吊，就是利用托线板以及线锤吊线检查垂直度。例如，砌体垂直度检查、门窗的安装等。套，就是以方尺套方，辅以塞尺检查。例如，对阴阳角的方正、踢脚线的垂直度、预制构件的方正、门窗口及构件的对角线检查等。

3.试验法

试验法是指通过必要的试验手段对质量进行判断的检查方法。

（1）理化试验。工程中常用的理化试验包括物理力学性能方面的检验和化学成分及其含量的测定两个方面。力学性能的检验如各种力学指标的测定，包括抗拉强度、抗压强度、抗弯强度、抗折强度、冲击韧性、硬度、承载力等。各种物理性能方面的测定，如密度、含水量、凝结时间、安定性及抗渗、耐磨、耐热性能等。化学成分及其含量的测定，如钢筋中的磷、硫含量，混凝土中粗集料中的活性氧化硅成分，以及耐酸、耐碱、抗腐蚀性等。此外，根据规定有时还需进行现场试验，例如，对桩或地基的静载试验、下水管道的通水试验、压力管道的耐压试验、防水层的蓄水或淋水试验等。

（2）无损检测。利用专门的仪器、仪表从表面探测结构物、材料、设备的内部组织结构或损伤情况。常用的无损检测方法有超声波探伤、X射线探伤、γ射线探伤等。

三、竣工验收阶段的质量控制

验收阶段的质量控制是指各分部分项工程都已经全部施工完毕后的质量控

制。质量控制的主要工作有：收尾工作、竣工资料的准备、竣工验收的预验收、竣工验收、工程质量回访。

（一）收尾工作

收尾工作的特点是零星、分散、工程量小、分布面广，如不及时完成将会直接影响项目的验收及投产使用。因此，应编制项目收尾工作计划并限期完成。项目经理和技术员应对竣工收尾计划执行情况进行检查，对于重要部位要做好记录。

（二）竣工资料的准备

竣工资料是竣工验收的重要依据。承包人应按竣工验收条件的规定，认真整理工程竣工资料。竣工资料包括以下内容。

（1）工程项目开工报告。

（2）工程项目竣工报告。

（3）图纸会审和设计交底记录。

（4）设计变更通知单。

（5）技术变更核定单。

（6）工程质量事故发生后的调查和处理资料。

（7）水准点位置、定位测量记录、沉降及位移观测记录。

（8）材料、设备、构件的质量合格证明资料。

（9）试验、检验报告。

（10）隐蔽工程验收记录及施工日志。

（11）竣工图。

（12）质量验收评定资料。

（13）工程竣工验收资料。

交付竣工验收的施工项目必须有与竣工资料目录相符的分类组卷档案。竣工资料的整理应注意以下几点：

①工程施工技术资料的整理应始于工程开工，终于工程竣工，真实记录施工全过程，不能事后伪造。

②工程质量保证资料的整理应按专业特点，根据工程的内在要求进行分类

组卷。

③工程检验评定资料的整理应按单位工程、分部工程、分项工程划分的顺序，分别组卷。

④竣工资料按各省、市、自治区的要求组卷。

（三）竣工验收

1.竣工验收的依据。

（1）批准的设计文件、施工图纸及说明书。

（2）双方签订的施工合同。

（3）设备技术说明书。

（4）设计变更通知书。

（5）施工验收规范及质量验收标准。

2.竣工验收

承包人确认工程竣工、具备竣工验收各项要求，并经监理单位认可签署意见后，向发包人提交“工程验收报告”。发包人收到“工程验收报告”后，应在约定的时间和地点，组织有关单位进行竣工验收。发包人组织勘察、设计、施工、监理等单位按照竣工验收程序，对工程进行核查后，应给出验收结论，并形成“工程竣工验收报告”，参与竣工验收的各方负责人应在竣工验收报告上签字并盖单位公章，对工程负责，如发现质量问题，也便于追查责任。

（四）工程质量回访

工程交付使用后，应定期进行回访，按质量保证书承诺及时解决出现的质量问题。

1.回访

回访属于承包人为使工程项目正常发挥功能而制订的工作计划、程序和质量体系。通过回访了解工程竣工交付使用后，用户对工程质量的意见，促进承包人改进工程质量管理，为顾客提供优质服务。全部回访工作结束后应提出“回访服务报告”，收集用户对工程质量的评价，分析质量缺陷的原因，总结正、反两个方面的经验和教训，采取相应的对策措施，加强施工过程质量控制，改进施工项目管理。

2.保修

业主与承包人在签订工程施工承包合同时，根据不同行业、不同的工程情况协商制订的建筑工程保修书，对工程保修范围、保修时间、保修内容进行约定。《建设工程项目管理规范》（GB/T50326-2017）规定：保修期自竣工验收合格之日起计算，在正常使用条件下，建设工程的最低保修期限为：

（1）基础设施工程、房屋建筑的地基基础工程和主体结构工程，为设计文件规定该工程的合理使用年限。

（2）屋面防水工程、有防水要求的卫生间、房间和外墙面的防渗漏，为5年。

（3）供热与供冷系统，为2个采暖期、供冷期。

（4）电气管线、给水排水管道、设备安装和装修工程，为2年。

（5）其他项目的保修期限由发包方与承包方约定。

根据国务院公布的条例，发包人和承包人在签署“工程质量保修书”时，应约定在正常使用条件下的最低保修期限。保修期限应符合下列原则：

①条例已有规定的，应按规定的最低保修期限执行。

②条例中没有明确规定的，应在工程“质量保修书”中具体约定保修期限。

③保修期应自竣工验收合格之日起计算，保修有效期限至保修期满为止。

第四节　建筑工程项目质量控制的统计分析方法

一、统计调查表法

统计调查表法又称统计调查分析法，它是利用专门设计的统计表对质量数据进行收集、整理和粗略分析质量状态的一种方法。

在质量活动中，利用统计调查表收集数据，其优点为简便灵活、便于整理、实用有效。它没有固定格式，可根据需要和具体情况，设计出不同的统计调查表。常用的有以下几种：

（1）分项工程作业质量分布调查表。

（2）不合格项目调查表。

（3）不合格原因调查表。

（4）施工质量检查评定用调查表。

统计调查表同分层法结合起来应用，可以更好、更快地找出问题的原因，以便采取改进的措施。如采用统计调查表法对地梁混凝土外观质量和尺寸偏差进行调查。

二、分层法

分层法又称分类法，是将调查收集的原始数据，根据不同的目的和要求，按某一性质进行分组、整理的分析方法。常用的分层标志有以下六种：

（1）按操作班组或操作者分层。

（2）按使用机械设备型号分层。

（3）按操作方法分层。

（4）按原材料供应单位、供应时间或等级分层。

（5）按施工时间分层。

（6）按检查手段、工作环境分层。

分层法是质量控制统计分析方法中最基本的一种方法。其他统计方法一般都要与分层法配合使用，如排列图法、直方图法、控制图法、相关图法等。通常，首先利用分层法将原始数据分门别类，然后进行统计分析。

三、排列图法

排列图法是利用排列图寻找影响质量主次因素的一种有效方法。排列图又称帕累托图或主次因素分析图。其是由两个纵坐标、一个横坐标、几个连起来的直方形和一条曲线所组成的。左侧的纵坐标表示产品频数，右侧的纵坐标表示累计频率，横坐标表示影响质量的各个因素或项目，按影响质量程度的大小从左到右排列，底宽相同，直方形的高度表示该因素影响的大小。

四、因果分析图法

因果分析图法是利用因果分析图来系统整理分析某个质量问题（结果）与其影响因素之间的关系，采取相应措施，解决存在的质量问题的方法。因果分析图也称为特性要因图，其又因形状被称为树枝图或鱼刺图。

（1）因果分析图的基本形式如图5-1所示。

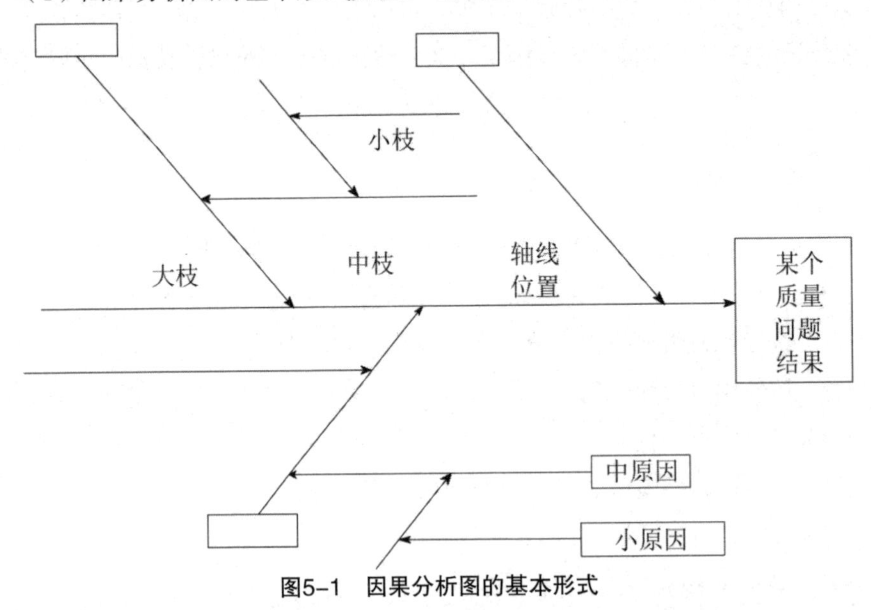

图5-1　因果分析图的基本形式

从图5-1中可以看出，因果分析图由质量特性（质量结果，指某个质量问题）、要因（产生质量问题的主要原因）、枝干（指表示不同层次的原因的一系列箭线）、主干（指较粗的直接指向质量结果的水平箭线）等组成。

（2）因果分析图的绘制。因果分析图的绘制步骤与图中箭头方向相反，是从“结果”开始将原因逐层分解的，具体步骤如下：

①明确质量问题—结果。作图时首先由左至右画出一条水平主干线，箭头指向一个矩形框，框内注明研究的问题，即结果。

②分析确定影响质量特性的大方面的原因。一般来说，影响质量的因素有五大方面，即人、机械、材料、方法和环境。另外，还可以按产品的生产过程进行分析。

③将每种大原因进一步分解为中原因、小原因，直至可以对分解的原因采取

具体措施加以解决为止。

④检查图中所列的原因是否齐全，可以对初步分析结果广泛征求意见，并做必要补充及修改。

⑤选出影响大的关键因素，做出标记“△”，以便重点采取措施。

五、直方图法

直方图法即频数分布直方图法，它是将收集到的质量数据进行分组整理，绘制成频数分布直方图，用以描述质量分布状态的一种分析方法，所以又称为质量分布图法。通过对直方图的观察与分析，可以了解产品质量的波动情况，掌握质量特性的分布规律，以便对质量状况进行分析判断，评价工作过程能力等。

六、相关图法

相关图又叫散布图，不同于其他各种方法，它不是对一种数据进行处理和分析，而是对两种测定数据之间的相关关系进行处理、分析和判断。

（一）相关图质量控制的原理

使用相关图，就是通过绘图、计算与观察，判断两种数据之间究竟是什么关系，建立相关方程，从而通过控制一种数据达到控制另一种数据的目的。正如掌握了在弹性极限内钢材的应力和应变的正相关关系（直线关系），就可以通过控制拉伸长度（应变）而达到提高钢材强度的目的一样（冷拉的原理）。

（二）相关图质量控制的作用

（1）通过对相关关系的分析、判断，可以得到对质量目标进行控制的信息。

（2）质量结果与产生原因之间的相关关系，有时从数据上比较容易看清，但有时很难看清，这就有必要借助于相关图进行相关分析。

（三）相关图控制的关系

（1）质量特性和影响因素之间的关系，如混凝土强度与温度的关系。

（2）质量特性与质量特性之间的关系，如混凝土强度与水泥强度等级之间的关系、钢筋强度与钢筋混凝土强度之间的关系等。

（3）影响因素与影响因素之间的关系，如混凝土密度与抗渗能力之间的关系、沥青的黏结力与沥青的延伸率之间的关系等。

第六章　建筑工程项目进度管理

第一节　建筑工程项目进度管理概述

一、工程项目进度

（一）工程项目进度的概念

工程项目进度通常是指工程项目实施结果的进展情况。在工程项目实施过程中，要消耗时间（工期）、劳动力、材料、成本等才能完成项目的任务。项目实施结果应该通过项目任务的完成情况（如工程的数量）来表达。由于工程项目对象系统（技术系统）的复杂性，常常很难选定一个恰当的、统一的指标来全面反映工程的进度。有时时间和费用与计划都吻合，但工程实物进度（工作量）未达到目标，则后期就必须投入更多的时间和费用。

（二）工程项目进度控制

1.工程项目进度控制的概念和目的

工程项目进度控制是指对工程项目建设各阶段的工作内容、工作程序、持续时间和衔接关系根据进度总目标及资源优化配置的原则编制计划并付诸实施，然后在进度计划的实施过程中经常检查实际进度是否按计划要求进行，对出现的偏差情况进行分析，采取补救措施调整、修改原计划后再付诸实施，如此循环，直到建设工程竣工验收交付使用。

工程项目进度控制的最终目的是确保建设项目按预定的时间完工或提前交付使用，建筑工程进度控制的总目标是建设工期。

2.工程项目进度控制的任务

工程项目进度控制的任务包括设计准备阶段、设计阶段、施工阶段的任务。

（1）设计准备阶段的任务。①收集有关工期的信息，进行工期目标和进度控制决策。②编制工程项目总进度计划。③编制设计准备阶段详细工作计划，并控制其执行。④进行环境及施工现场条件的调查和分析。

（2）设计阶段的任务。①编制设计阶段工作计划，并控制其执行。②编制详细的出图计划，并控制其执行。

（3）施工阶段的任务。①编制施工总进度计划，并控制其执行。②编制单位工程施工进度计划，并控制其执行。③编制工程年、季、月实施计划，并控制其执行。

3.工程项目进度控制的措施

工程项目进度控制的措施包括组织措施、经济措施、技术措施、合同措施。

（1）组织措施。①建立进度控制目标体系，明确建设工程现场监理组织机构的进度控制人员及其职责分工。②建立工程进度报告制度及进度信息沟通网络。③建立进度计划审核制度和进度计划实施中的检查分析制度。④建立进度协调会议制度，包括协调会议举行的时间、地点，协调会议的参加人员等。⑤建立图纸审查、工程变更和设计变更管理制度。

（2）经济措施。①及时办理工程预付款及工程进度款支付手续。②对应急赶工给予优厚的赶工费用。③对工期提前给予奖励。④对工程延误收取误期损失赔偿金。

（3）技术措施。①审查承包人提交的进度计划，使承包人能在合理的状态下施工。②编制进度控制工作细则，指导监理人员实施进度控制。③采用网络计划技术及其他科学的计划方法，并结合电子计算机的应用，对建设工程进度实施动态控制。

（4）合同措施。①推行CM承发包模式，对建设工程实行分段设计、分段分包和分段施工。②加强合同管理，协调合同工期与进度计划之间的关系，保证合同中进度目标的实现。③严格控制合同变更，对各方提出的工程变更和设计变更，监理工程师应严格审查后再补入合同文件中。④加强风险管理，在合同中应充分考虑风险因素及其对进度的影响，以及相应的处理方法。⑤加强索赔管理，公正地处理索赔。

二、工程项目进度管理

（一）工程项目进度管理的概念和目的

工程项目进度管理也称为工程项目时间管理，是在工程项目范围确定以后，为确保在规定时间内实现项目的目标、生成项目的产出物和完成项目范围计划所规定的各项工作活动而开展的一系列活动与过程。

工程项目进度管理是以工程建设总目标为基础进行工程项目的进度分析、进度计划及资源优化配置并进行进度控制管理的全过程，直至工程项目竣工并验收交付使用后结束。

工程项目进度管理的目的是保证进度计划的顺利实施，并纠正进度计划的偏差，即保证各工程活动按进度计划及时开工、按时完成，保证总工期不推迟。

（二）工程项目进度管理的程序

（1）确定进度目标，明确计划开工日期、计划总工期和计划竣工日期，并确定项目分期分批的开工、竣工日期。

（2）编制施工进度计划，并使其得到各方如施工企业、业主、监理工程师的批准。

（3）实施施工进度计划，由项目经理部的工程部调配各项施工项目资源，组织和安排各工程队按进度计划的要求实施工程项目。

（4）施工项目进度控制，在施工项目部计划、质量、成本、安全、材料、合同等各个职能部门的协调下，定期检查各项活动的完成情况，记录项目实施过程中的各项信息，用进度控制比较方法判断项目进度完成情况，如进度出现偏差，则应调整进度计划，以实现项目进度的动态管理。

（5）阶段性任务或全部任务完成后，应进行进度控制总结，并编写进度控制报告。

（三）工程项目进度管理的目标

在确定工程项目进度管理目标时，必须全面、细致地分析与建筑工程进度有关的各种有利因素和不利因素，只有这样，才能制订一个科学、合理的进度管理目标。确定工程项目进度管理目标的主要依据有：建筑工程总进度目标对施工工期的要求；工期定额、类似工程项目的实际进度；工程难易程度和工程条件的落实情况等。

确定工程项目进度目标应考虑以下几个方面：

（1）对于大型建筑工程项目，应根据尽早提供可动用单元的原则，集中力量分期分批建设，以便尽早投入使用，尽快发挥投资效益。这时为保证每一动用单元能形成完整的生产能力，就要考虑这些动用单元交付使用时所必需的全部配套项目。因此，要处理好前期动用和后期建设的关系、每期工程中主体工程与辅助及附属工程之间的关系等。

（2）结合本工程的特点，参考同类建设工程的经验来确定施工进度目标，避免只按主观愿望盲目确定进度目标，从而在实施过程中造成进度失控。

（3）考虑工程项目所在地区的地形、地质、水文、气象等方面的限制条件。

（4）考虑外部协作条件的配合情况。其中包括施工过程及项目竣工后所需的水、电、气、通信、道路及其他社会服务项目的满足程度和满足时间，它们必须与有关项目的进度目标相协调。

（5）合理安排土建与设备的综合施工。要按照它们各自的特点，合理安排土建施工与设备基础、设备安装的先后顺序及搭接、交叉或平行作业，明确设备工程对土建工程的要求和土建工程为设备工程提供施工条件的内容及时间。

（6）做好资金供应能力、施工力量配备、物资（材料、构配件、设备）供应能力与施工进度的平衡工作，确保满足工程进度目标的要求。

（四）工程施工项目进度管理体系

1.施工准备工作计划

施工准备工作的主要任务是为建设工程的施工创造必要的技术和物资条件，统筹安排施工力量和施工现场。

施工准备的工作内容通常包括：技术准备、物资准备、劳动组织准备、施工现场准备和施工场外准备。为落实各项施工准备工作，加强检查和监督，应根据各项施工准备工作的内容、时间和人员，编制施工准备工作计划。

2.施工总进度计划

施工总进度计划是根据施工部署中施工方案和工程项目的开展程序，对全工地所有单位工程做出时间上的安排。

施工总进度计划在于确定各单位工程及全工地性工程的施工期限及开竣工日期，进而确定施工现场劳动力、材料、成品、半成品、施工机械的需要数量和调配情况，以及现场临时设施的数量、水电供应量及能源需求量等。科学、合理地编制施工总进度计划，是保证整个建设工程按期交付使用、充分发挥投资效益、降低建设工程成本的重要条件。

3.单位工程施工进度计划

单位工程施工进度计划是在既定施工方案的基础上，根据规定的工期和各种资源供应条件，遵循各施工过程的合理施工顺序，对单位工程中的各施工过程做出时间和空间上的安排，并以此为依据，确定施工作业所必需的劳动力、施工机具和材料供应计划。合理安排单位工程施工进度，是保证在规定工期内完成符合质量要求的工程任务的重要前提，也为编制各种资源需要量计划和施工准备工作计划提供依据。

4.分部、分项工程进度计划

分部、分项工程进度计划是针对工程量较大或施工技术比较复杂的分部、分项工程，在依据工程具体情况所制订的施工方案的基础上，对其各施工过程所做出的时间安排。

第二节　建筑工程项目进度计划的编制

一、工程项目进度计划

（一）工程项目进度计划的分类

1.按对象分类

项目进度计划按对象分类，包括建设项目进度计划、单项工程进度计划、单位工程进度计划和分部、分项工程进度计划等。

2.按项目组织分类

项目进度计划按项目组织分类，包括建设单位进度计划、设计单位进度计划、施工单位进度计划、供应单位进度计划、监理单位进度计划和工程总承包单位进度计划等。

3.按功能分类

项目进度计划按功能进行分类，包括控制性进度计划和实施性进度计划。

4.按施工时间分类

项目进度计划按施工时间分类，包括年度施工进度计划、季度施工进度计划、月度施工进度计划、旬施工进度计划和周施工进度计划。

（二）施工进度控制计划的内容和进度控制的作用

1.施工总进度计划包括的内容

（1）编制说明。主要包括编制依据、步骤、内容。

（2）施工进度总计划表。包括两种形式：一种为横道图，另一种为网络图。

（3）分期分批施工工程的开、竣工日期，工期一览表。

（4）资源供应平衡表。为满足进度控制而需要的资源供应计划。

2.单位工程施工进度计划包括的内容

（1）编制说明。主要包括编制依据、步骤、内容。

（2）进度计划图。

（3）单位工程进度计划的风险分析及控制措施。单位工程施工进度计划的风险分析及控制措施指施工进度计划由于其他不可预见的因素，如工程变更、自然条件和拖欠工程款等原因无法按计划完成时而采取的措施。

3.施工项目进度控制的作用

（1）根据施工合同明确开、竣工日期及总工期，并以施工项目进度总目标确定各分项目工程的开、竣工日期。

（2）各部门计划都要以进度控制计划为中心安排工作。计划部门提出月、旬计划，劳动力计划，材料部门调验材料、构建，动力部门安排机具，技术部门制订施工组织与安排等均以施工项目进度控制计划为基础。

（3）施工项目控制计划的调整。由于主客观原因或者环境原因出现了不必要的提前或延误的偏差，要及时调整纠正，并预测未来进度状况，使工程按期完工。

（4）总结经验教训。工程完工后要及时提供总结报告，通过报告总结控制进度的经验方法，对存在的问题进行分析，提出改进意见，以利于以后的工作。

二、施工项目总进度计划

（一）施工项目总进度计划的编制依据

1.施工合同

施工合同包括合同工期，分期分批工期的开、竣工日期，有关工期提前延误调整的约定等。

2.施工进度目标

除合同约定的施工进度目标外，承包人可能有自己的施工进度目标，用以指导施工进度计划的编制。

3.工期定额

工期定额作为一种行业标准，是在许多过去工程资料统计基础上得到的。

4.有关技术经济资料

有关技术经济资料包括施工地址、环境等资料。

5.施工部署与主要工程施工方案

施工项目进度计划在施工方案确定后编制。

6.其他资料

如类似工程的进度计划。

（二）施工项目总进度计划编制的基本要求

施工项目总进度计划是施工现场各项施工活动在时间上和空间上的体现。正确地编制施工项目总进度计划是保证各项目以及整个建设工程按期交付使用、充分发挥投资效益、降低建筑工程成本的重要条件。

（1）编制施工项目总进度计划是根据施工部署中的施工方案和施工项目开展的程序，对整个工地的所有施工项目做出时间上和空间上的安排。其作用在于确定各个建筑物及其主要工种、分项工程、准备工作和全工地性工程的施工期限及开工和竣工的日期，从而确定建筑施工现场上劳动力、原材料、成品、半成品、施工机械的需要数量和调配情况，以及现场临时设施的数量、水电供应数量和能源、交通的需要数量等。

（2）编制施工项目总进度计划要求保证拟建工程在规定的期限内完成，发挥投资效益，并保证施工的连续性和均衡性，节约施工费用。

（3）根据施工部署中拟建工程分期分批的投产顺序，将每个系统的各项工程分别划出，在控制的期限内进行各项工程的具体安排。当建设项目的规模不大、各系统工程项目不多时，也可不按照分期分批投产顺序安排，而直接安排项目总进度计划。

（三）施工项目总进度计划的编制步骤

1.计算工程量

根据批准的工程项目一览表，按单位工程分别计算其主要实物工程量，工程量只需粗略地计算。工程量的计算可按初步设计（或扩大初步设计）图纸和有关定额手册或资料进行。常用的定额手册和资料有：

（1）每万元或每10万元投资工程量、劳动量及材料消耗扩大指标。

（2）概算指标和扩大结构定额。

（3）已建成的类似建筑物、构筑物的资料。

2.确定各单位工程的施工期限

各单位工程的施工期限应根据合同工期确定，同时还要考虑建筑类型、结构特征、施工方法、施工管理水平、施工机械化程度及施工现场条件等因素。

如果在编制施工总进度计划时没有合同工期，则应保证计划工期不超过工期定额。

3.确定各单位工程的开工、竣工时间和相互搭接关系

确定各单位工程的开工、竣工时间和相互搭接关系时主要应注意：

（1）尽量提前建设可供工程施工使用的永久性工程，以节省临时工程费用。

（2）急需和关键的工程先施工，以保证工程项目如期交工。对于某些技术复杂、施工周期较长、施工困难较多的工程，亦应安排提前施工，以利于整个工程项目按期交付使用。

（3）同一时期施工的项目不宜过多，以避免人力、物力过于分散。

（4）尽量做到均衡施工，以使劳动力、施工机械和主要材料的供应在整个工期范围内达到均衡。

（5）施工顺序必须与主要生产系统投入生产的先后次序相吻合。同时还要安排好配套工程的施工时间，以保证建成的工程能迅速投入生产或交付使用。

（6）注意主要工种和主要施工机械能连续施工。

（7）应注意季节对施工顺序的影响，不能因施工季节影响工期及工程质量。

（8）安排一部分附属工程或零星项目作为后备项目，用于调整主要项目的施工进度。

4.编制施工总进度计划

（1）编制初步施工总进度计划。施工总进度计划既可以用横道图表示，也可以用网络图表示。由于采用网络计划技术控制工程进度更加有效，所以人们更多采用网络图来表示施工总进度计划。特别是电子计算机的广泛应用，为网络计划技术的推广和普及创造了更加有利的条件。

（2）编制正式施工总进度计划。初步施工总进度计划编制完成后，要对其进行检查。主要是检查总工期是否符合要求，资源使用是否均衡且其供应是否能得到保证。如果出现问题，则应进行调整。调整的主要方法是改变某些工程的起

止时间或调整主导工程的工期。如果是网络计划，则可以利用电子计算机分别进行工期优化、费用优化及资源优化。当初步施工总进度计划经过调整符合要求后，即可编制正式的施工总进度计划。正式的施工总进度计划确定后，应根据它编制劳动力、材料、大型施工机械等资源的需用量计划，以便组织供应，保证施工总进度计划的实现。

三、单位工程施工进度计划

（一）单位工程施工进度计划的编制依据

（1）项目管理目标责任。这个目标既不是合同目标，也不是定额工期，而是项目管理的责任目标，不但有工期，而且有开工时间和竣工时间。

（2）施工总进度计划。单位工程施工进度计划必须执行施工总进度计划中所要求的开工、竣工时间及工期安排。

（3）施工方案。施工方案对施工进度计划有决定性作用。施工顺序就是施工进度计划的施工顺序，施工方法直接影响施工进度。

（4）主要材料和设备的供应能力。施工进度计划编制的过程中，必须考虑主要材料和机械设备的能力。机械设备既影响所涉及项目的持续时间、施工顺序，又影响总工期。一旦进度确定，则供应能力必须满足进度的需要。

（5）施工人员的技术素质及劳动效率。施工人员技术素质的高低，影响着施工的速度和质量，技术素质必须满足规定要求。

（6）施工现场条件、气候条件、环境条件。

（7）已建成的同类工程的实际进度及经济指标。

（二）单位工程施工进度计划的编制要点

1.单位工程工作分解及其逻辑关系的确定

单位工程施工进度计划属于实时性计划，用于指导工程施工，所以其工作分解宜详细一些，一般要分解到分项工程，如屋面工程应进一步分解到找平层、隔气层、保温层、防水层等分项工程。工作分解应全面，不能遗漏，还应注意适当简化工作内容，避免分解过细、重点不突出。为避免分解过细，可考虑将某些穿插性分项工程合并到主要分项工程中，如安装木门窗框可以并入砌墙工程，楼梯工程可以合并到主体结构各层钢筋混凝土工程。

对同一时间内由同一工程作业队施工的过程（不受空间及作业面限制的）可以合并，如工业厂房中的钢窗油漆、钢门油漆、钢支撑油漆、钢梯油漆合并为钢构件油漆一个工作；对于次要的、零星的分项工程可合并为“其他工程”；对于分包工程主要确定与施工项目的配合，可以不必继续分解。

2.施工项目工作持续时间的计算方法

施工项目工作持续时间的计算方法一般有经验估计法、定额计算法和倒排计划法等。

（1）经验估计法。这种方法就是根据过去的经验进行估计，一般适用于采用新工艺、新技术、新结构、新材料等无定额可循的工程，先估计出完成该施工项目的最乐观时间、最保守时间和最可能时间三种施工时间，然后确定该施工项目的工作持续时间。

（2）定额计算法。这种方法就是根据施工项目需要的劳动量或机械台班量，以及配备的劳动人数或机械台数，确定其工作持续时间。

（3）倒排计划法。倒排计划法是根据流水施工方式及总工期要求，先确定施工时间和工作班制，再确定施工班组人数或机械台数。如果计算出的施工人数或机械台数对施工项目来说过多或过少，应根据施工现场条件、施工工作面大小、最小劳动组合、可能得到的人数和机械等因素合理调整。如果工期太紧，施工时间不能延长，则可考虑组织多班组、多班制的施工。

3.单位工程施工进度计划的安排

首先找出并安排各个主要工艺组合，并按流水原理组织流水施工，将各个主要工艺组合进行合理安排，然后将搭接工艺组合及其他工作尽可能与其平行施工或做最大限度的搭接施工。

在主要工艺组合中，先找出主导施工过程，确定各项流水参数，对其他施工过程尽量采用相同的流水参数。

（三）单位工程施工进度计划的编制程序

1.研究施工图和有关资料并调查施工条件

认真研究施工图、施工组织总设计对单位工程进度计划的要求。

2.划分工作项目

工作项目是包括一定工作内容的施工过程，是施工进度计划的基本组成单元。工作项目内容的多少、划分的粗细程度，应该根据计划的需要来确定。对于大型建设工程，经常需要编制控制性施工进度计划，此时工作项目可以划分得粗一些，一般只明确到分部工程即可。

3.确定施工顺序

（1）确定施工顺序是为了按照施工的技术规律和合理的组织关系，解决各工作项目之间在时间上的先后和搭接问题，以达到保证质量、安全施工、充分利用空间、争取时间、实现合理安排工期的目的。

（2）一般来说，施工顺序受施工工艺和施工组织两个方面的制约。当施工方案确定之后，工作项目之间的工艺关系也就随之确定。如果违背这种关系，将不可能施工，或者导致工程质量事故和安全事故的出现，或者造成返工浪费。

（3）不同的工程项目，其施工顺序不同。即使是同一类工程项目，其施工顺序也难以做到完全相同。因此，在确定施工顺序时，必须根据工程的特点、技术组织要求以及施工方案等进行研究，不能拘泥于某种固定的顺序。

（4）计算工程量。工程量的计算应根据施工图和工程量计算规则，针对所划分的每一个工作项目进行。当编制施工进度计划时已有预算文件，且工作项目的划分与施工进度计划一致时，可以直接套用施工预算的工程量，不必重新计算。若某些项目有出入，但出入不大时，应结合工程的实际情况进行某些必要的调整。

（5）绘制施工进度计划图。绘制施工进度计划图，首先应选择施工进度计划的表达形式。目前，常用来表达建设工程施工进度计划的方法有横道图和网络图两种形式。

第三节　流水施工作业进度计划

一、流水施工概述

（一）流水施工的概念

流水施工是指所有施工过程按一定的时间间隔依次投入施工，各个施工过程陆续开工、陆续竣工，使同一施工过程的施工班组保持连续、均衡施工，不同的施工过程尽可能平行搭接施工的组织方式。

流水施工是一种科学、有效的工程项目施工组织方法之一，流水施工可以充分地利用工作时间和操作空间，减少非生产性劳动消耗，提高劳动生产率，保证工程施工连续、均衡、有节奏地进行，对提高工程质量、降低工程造价、缩短工期有显著的作用。

（二）流水施工的优点

（1）专业化的生产可提高工人的技术水平，使工程质量相应提高。

（2）便于改善劳动组织，改进操作方法和施工机具，有利于提高劳动生产率。

（3）工人技术水平和劳动生产率的提高，可以减少用工量和施工临时设施的建造量，降低工程成本，提高利润水平。

（4）可以保证施工机械和劳动力得到充分、合理的利用。

（5）由于其工期短、效率高、用人少、资源消耗均衡，可以减少现场管理费和物资消耗，实现合理储存与供应，有利于提高项目经理部的综合经济效益。

（6）由于流水施工具有连续性，可减少专业工作的间隔时间，达到缩短工期的目的，并使拟建工程项目尽早竣工、交付使用，发挥投资效益。

（三）流水施工原理的应用

流水施工是一种重要的施工组织方法，对施工进度与效益都能产生很大影响。

（1）在编制单位工程施工进度计划时，应充分运用流水施工原理进行组织安排。

（2）在组织流水施工时，应将施工项目中某些在工艺上和组织上有紧密联系的施工过程合并为一个工艺组合，一个工艺组合内的几项工作组织流水施工。

（3）一个单位工程可以归并成几个主要的工艺组合。

（4）不同的工艺组合通常不能平行搭接，必须待一个工艺组合中的大部分施工过程或全部施工过程完成之后，另一个工艺组合才能开始。

二、流水施工的基本组织方式

建筑工程的流水施工要有一定的节拍才能步调和谐，配合得当。流水施工的节奏是由流水节拍决定的。大多数情况下，各施工过程的流水节拍不一定相等，甚至一个施工过程本身在各施工段上的流水节拍也不相等。因此形成了不同节奏特征的流水施工。

（一）有节奏流水施工

有节奏流水施工是指同一施工过程在各施工段上的流水节拍都相等的流水施工方式。根据不同施工过程之间的流水节拍是否相等，有节奏流水施工分为固定节拍流水施工和成倍节拍流水施工。

1.固定节拍流水施工

固定节拍流水施工是指在有节奏流水施工中，各施工段的流水节拍都相等的流水施工，也称为等节奏流水施工或全等节拍流水施工。

2.成倍节拍流水施工

成倍节拍流水施工分为加快的成倍节拍流水施工和一般的成倍节拍流水施工。①加快的成倍节拍流水施工是指在组织成为节拍流水施工时，按每个施工过程流水节拍之间的比例关系，成立相应数量的专业工作队而进行的流水施工，也称为等步距异节奏流水施工。②一般的成倍节拍流水施工是指在组织成为节拍流水施工时，每个施工过程成立一个专业工作队，由其完成各施工段任务的流水施工，也称为异步距异节奏流水施工。

（二）非节奏流水施工

非节奏流水施工是流水施工中最常见的一种，指在组织流水施工时，全部或部分施工过程在各个施工段上的流水节拍不相等的流水施工方式。

三、流水施工的表达方式

（一）横道图

横道图又称甘特图、条形图。作为传统的工程项目进度计划编制及表示方法，它是通过日历形式列出项目活动工期及其相应的开始和结束日期，为反映项目进度信息提供的一种标准格式。工程项目横道图一般在左边按项目活动（工作、工序或作业）的先后顺序列出项目的活动名称。图右边是进度表，图上边的横栏表示时间，用水平线段在时间坐标下标出项目的进度线，水平线段的位置和长度反映该项目从开始到完工的时间。

横道图的编制方法如下：

1.根据施工经验直接安排的方法

这是根据经验资料及有关计算，直接在进度表上画出进度线的方法。这种方法比较简单实用，但施工项目多时，不一定能得到最优计划方案。其一般步骤是先安排主导分部工程的施工进度，然后将其余分部工程尽可能配合主导分部工程，最大限度地合理搭接起来，使其相互联系，形成施工进度计划的初步方案。在主导分部工程中，应先安排主导施工项目的施工进度，力求其施工班组能连续施工，其余施工项目尽可能与它配合、搭接或平行施工。

2.按工艺组合组织流水施工的方法

这种方法是将某些在工艺上有关系的施工过程归并为一个工艺组合，组织各工艺组合内部的流水施工，然后将各工艺组合最大限度地搭接起来组织流水施工。

（二）垂直图

垂直图中的横坐标表示流水施工的持续时间；纵坐标表示流水施工所处的空间位置，即施工段的编号。斜向线段表示施工过程或专业工作队的施工进度。

第四节　网络计划控制技术

一、网络计划应用

网络计划应用的基本概念如下。

（一）网络图

由箭头和节点组成的，用来表示工作流程的有向、有序的网状图形称为网络图。在网络图上加注工作时间参数而编成的进度计划，称为网络计划。

（二）基本符号

单代号网络图和双代号网络图的基本符号有两个，即箭线和节点。

箭线在双代号网络图中表示工作，在单代号网络图中表示工作之间的联系。节点在双代号网络图中表示工作之间的联系，在单代号网络图中表示工作。

在双代号网络图中还有虚箭线，它可以联系两项工作，也可以分开两项没有关系的工作。

（三）线路

网络图中从起点节点开始，沿箭头方向顺序通过一系列箭线与节点，最后到达终点节点的通路称为线路。线路既可依次用该线路上的节点编号来表示，也可依次用该线路上的工作名称来表示。

（四）关键线路与关键工作

在关键线路法中，线路上所有工作的持续时间总和称为该线路的总持续时间。总持续时间最长的线路称为关键线路，关键线路的长度就是网络计划的总工期。

关键线路上的工作称为关键工作。在网络计划的实施过程中，关键工作的实际进度提前或拖后，均会对总工期产生影响。

（五）先行工作

相对于某工作而言，从网络图的第一个节点（起点节点）开始，顺箭头方向经过一系列箭线与节点到达该工作为止的各条通路上的所有工作，都称为该工作的先行工作。

（六）后续工作

相对于某工作而言，从该工作之后开始，顺箭头方向经过一系列箭线与节点到网络图最后一个节点（终点节点）的各条通路上的所有工作，都称为该工作的后续工作。

（七）平行工作

在网络图中，相对于某工作而言，可以与该工作同时进行的工作即为该工作的平行工作。

（八）紧前工作

在网络图中，相对于某工作而言，紧排在该工作之前的工作称为该工作的紧前工作。在双代号网络图中，工作与其紧前工作之间可能有虚工作存在。

（九）紧后工作

在网络图中，相对于某工作而言，紧排在该工作之后的工作称为该工作的紧后工作。在双代号网络图中，工作与其紧后工作之间也可能有虚工作存在。

二、网络计划

（一）双代号时标网络计划

1.概念

双代号时标网络计划（简称时标网络计划）必须以水平时间坐标为尺度表示

工作时间。时标的时间单位应根据需要在编制网络计划之前确定，可以是小时、天、周、月或季度等。

2.表示方法

在时标网络计划中，以实箭线表示工作，实箭线的水平投影长度表示该工作的持续时间；以虚箭线表示虚工作，由于虚工作的持续时间为零，故虚箭线只能垂直画；以波形线表示工作与其紧后工作之间的时间间隔（以终点节点为完成节点的工作除外，当计划工期等于计算工期时，这些工作箭线中波形线的水平投影长度表示其自由时差）。

3.关键线路

时标网络计划中的关键线路可从网络计划的终点节点开始，逆着箭线方向进行判定。凡自始至终不出现波形线的线路即为关键线路。

（二）单代号搭接网络计划

1.概念

在网络计划中，只要其紧前工作开始一段时间后，即可进行本工作，而不需要等其紧前工作全部完成之后再开始，工作之间的这种关系称为搭接关系。为了简单、直接地表达工作之间的搭接关系，使网络计划的编制得到简化，便出现了搭接网络计划。

2.表示方法

搭接网络计划一般都采用单代号网络图的表示方法，即以节点表示工作，以节点之间的箭线表示工作之间的逻辑顺序和搭接关系。

3.搭接种类

搭接网络计划的搭接种类有结束到开始的搭接关系、开始到开始的搭接关系、结束到结束的搭接关系、开始到结束的搭接关系和混合搭接关系。

4.关键线路

从搭接网络计划的终点节点开始，逆着箭线方向依次找出相邻两项工作之间时间间隔为零的线路就是关键线路。关键线路上的工作即为关键工作，关键工作的总时差最小。

（三）多级网络计划

多级网络计划系统，是指由处于不同层级且相互有关联的若干网络计划所组成的系统。在该系统中，处于不同层级的网络计划既可以进行分解，形成若干独立的网络计划，又可以进行综合，形成一个多级网络计划系统。

参考文献

[1]林永洪.建筑理论与建筑结构设计研究[M].长春：吉林科学技术出版社，2023.

[2]马兵，王勇，刘军.建筑工程管理与结构设计[M].长春：吉林科学技术出版社，2022.

[3]熊海贝.高层建筑结构设计[M].北京：机械工业出版社，2021.

[4]胡群华，刘彪，罗来华.高层建筑结构设计与施工[M].武汉：华中科技大学出版社，2022.

[5]本书编写组.高层建筑结构设计[M].天津：天津科学技术出版社，2019.

[6]姚亚锋，张蓓.建筑工程项目管理[M].北京：北京理工大学出版社，2020.

[7]袁志广，袁国清.建筑工程项目管理[M].成都：电子科学技术大学出版社，2020.

[8]张迪，申永康.建筑工程项目管理[M].重庆：重庆大学出版社，2022.

[9]刘树玲，刘杨，钱建新.建筑工程项目管理[M].武汉：华中科技大学出版社，2022.

[10]王胜.建筑工程质量管理[M].北京：机械工业出版社，2021.

[11]林环周.建筑工程施工成本与质量管理[M].长春：吉林科学技术出版社，2022.

[12]中国建筑标准设计研究院.国家建筑标准设计图集 装配式桥梁设计与施工 公共构造 20MR801[M].北京：中国计划出版社,2020.

[13]全国二级建造师执业资格考试试题分析小组.建筑工程管理与实务[M].北京：机械工业出版社，2020.

[14]胡成海.建筑工程管理与实务[M].北京：中国言实出版社，2017.

[15]索玉萍，李扬，王鹏.建筑工程管理与造价审计[M].长春：吉林科学技术出版社，2019.

[16]林拥军.建筑结构设计[M].成都：西南交通大学出版社，2019.

[17]丁蓉蓉.全过程管理在建筑项目工程管理中的应用[J].中国建筑金属结构，2020（11）：36–37.

[18]李红光.建筑项目工程管理中进度管理的解析[J].居舍，2020（26）：148–149.

[19]李莉.建筑项目工程管理中进度管理的解析[J].价值工程，2020，39（17）：26–27.

[20]叶黎明.建筑企业管理及建筑项目工程管理的关系分析[J].智能城市，2019，5（18）：110–111.

[21]姚亚锋，张蓓.建筑工程项目管理[M].北京：北京理工大学出版社，2020.

[22]刘钟莹.建筑工程招标投标[M].南京：东南大学出版社，2020.

[23]高云.建筑工程项目招标与合同管理[M].石家庄：河北科学技术出版社，2021.

[24]钟华.建筑工程造价[M].北京：机械工业出版社，2021.

[25]赵媛静.建筑工程造价管理[M].重庆：重庆大学出版社，2020.